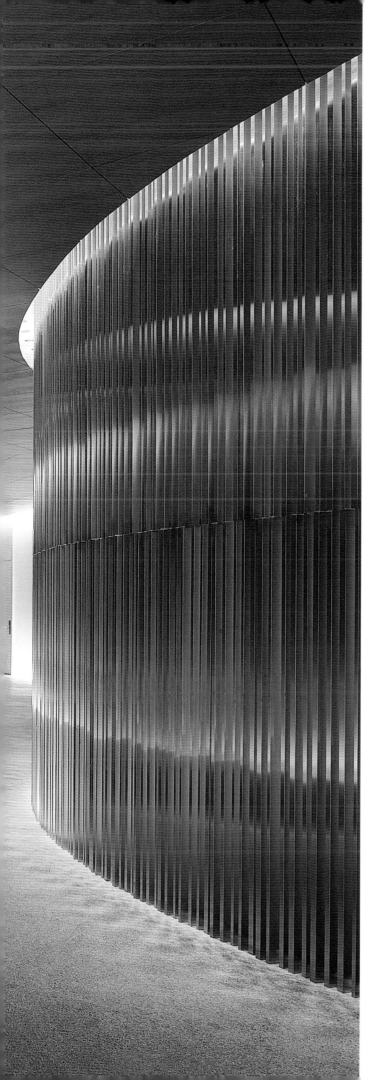

SUPER
POTATO
DESIGN

[美] 米拉·洛克
(Mira Locher)
——— 著
石颖川 ——— 译

超级土豆

杉本贵志 设计全记录

THE COMPLETE WORKS OF TAKASHI SUGIMOTO: JAPAN'S LEADING INTERIOR DESIGNER

中信出版集团 · 北京

图书在版编目（CIP）数据

超级土豆：杉本贵志设计全记录 / (美) 米拉·洛
克著；石颖川译 . -- 北京：中信出版社，2018.11
　书名原文 :Super Potato Design: The Complete
Works of Takashi Sugimoto: Japan's Leading
Interior Designer
　ISBN 978-7-5086-9466-5

I. ① 超… II. ① 米… ② 石… III. ① 空间 – 建筑设
计 – 作品集 – 日本 – 现代 IV. ① TU206

中国版本图书馆 CIP 数据核字 (2018) 第 208616 号

SUPER POTATO DESIGN: THE COMPLETE WORKS OF TAKASHI SUGIMOTO:
JAPAN'S LEADING INTERIOR DESIGNER By MIRA LOCHER,
FOREWORD BY TADAO ANDO, PHOTOGRAPHS BY YOSHIO SHIRATORI
Copyright © 2006 TEXT BY MIRA LOCHER, PHOTOGRAPHS BY YOSHIO SHIRATORI
This edition arranged with TUTTLE PUBLISHING / CHARLES E. TUTTLE CO., INC.
through BIG APPLE AGENCY, INC., LABUAN, MALAYSIA.
Simplified Chinese edition copyright © 2018 CITIC Press Corporation
All rights reserved.
本书仅限中国大陆地区销售发行

超级土豆：杉本贵志设计全记录

著　　者：[美]米拉·洛克
译　　者：石颖川
出版发行：中信出版集团股份有限公司
　　　　　（北京市朝阳区惠新东街甲 4 号富盛大厦 2 座　邮编　100029）
承　印：北京雅昌艺术印刷有限公司

开　本：889mm×1194mm　1/16	印　张：15.5　　字　数：186 千字
版　次：2018 年 11 月第 1 版	印　次：2018 年 11 月第 1 次印刷
京权图字：01-2018-6368	广告经营许可证：京朝工商广字第 8087 号
书　号：ISBN 978-7-5086-9466-5	
定　价：298.00 元	

目录

序 断层之外 /////// vi

引言 超级土豆设计事务所 /////// 1

早期作品 /// 8

Strawberry 咖啡馆 /////// 10

Maruhachi 酒吧 /////// 13

Radio 酒吧 /////// 14

Pashu Labo 陈列厅 /////// 18

Pashu 零售店 /////// 22

Old-New 酒吧 /////// 25

Brasserie-EX 咖啡馆 /////// 29

Be-in 咖啡馆 /////// 34

对谈 1：竹山圣与杉本贵志 /////// 38

系列项目 /// 46

Shunju 餐厅赤坂店 /////// 49

Shunju 餐厅溜池山王店 /////// 54

Kitchen Shunju 餐厅 /////// 62

Shunju Tsugihagi 餐厅 /////// 66

Shunsui 餐厅 /////// 74

Shunkan 空间 /////// 80

无印良品青山店 /////// 89

无印良品青山三丁目店 /////// 92

"无印良品的未来"展览 /////// 96

Ryurei 茶室 /////// 100

Komatori 茶室 /////// 103

茶器 /////// 104

对谈 2：原研哉与杉本贵志 /////// 106

近期作品 /// 114

Niki Club 酒店 /////// 116

Mezza9 餐厅 /////// 121

Brix 酒吧 /////// 128

Straits Kitchen 餐厅 /////// 133

Zipangu 餐厅 /////// 139

Café TOO 餐厅 /////// 146

Hibiki 餐厅 /////// 152

Zuma 餐厅 /////// 159

君悦酒店大教堂 /////// 162

君悦酒店神社 /////// 165

Shunbou 餐厅 /////// 169

Roku Roku 餐厅 /////// 173

Nagomi 健身中心 /////// 174

Waketokuyama 餐厅 /////// 177

Roka 餐厅 /////// 182

Sensi 餐厅 /////// 189

柏悦酒店大堂和休息区 /////// 192

Park Club 健身中心 /////// 198

柏悦酒店客房 /////// 202

Cornerstone 餐厅 /////// 206

The Timber House 酒吧 /////// 211

主要作品年表 (1971—2006 年) /////// 216

致谢 /////// 230

序　断层之外

　　厚重的庵治花岗岩石块[1]围成封闭的空间，巨大的花岗岩石桌和厚实的木制桌面，突然闯入视野的巨大竹制和木制屏风——这便是我在东京一栋巨大的高层建筑内见到的景象，是杉本贵志创立的超级土豆设计事务所的最新项目。建筑内充斥着先锋设计师们的作品，它们彼此较量，无不力图通过极致的轻盈感打造出一块绝妙的未来主义空间。在一众作品中，杉本的创作兀自独立，似乎形成了一种与周遭截然不同的风格。

　　"超级土豆"通过对石、钢、木等材质的运用，赋予作品一种超越日常习惯的尺度与形制。看似漫不经心的陈列与摆放展现出毫不刻意的合理的逻辑性——相互冲突的材质彼此碰撞却又各安其位。强烈的视觉冲击感紧紧抓住每一个不经意的过客的注意力，令人久久不愿离开。在这座鲜亮夺目、流光溢彩又脆弱的人造都市中，只有杉本能创造一种似乎可召唤远古精神的断层。而且在这之中，杉本并未屈从于传统的设计经验。这正是他超能力的集中体现。

　　我无法确切地回忆起第一次究竟是在何时、何地遇见杉本贵志，但是我们的友谊却已延续多年。我想，或许是 20 世纪 60 年代末吧，我俩经仓俣史朗[2]先生介绍相识。当时我 20 岁出头，尚未成为一名正式的建筑设计师，还没在社会上找到适合自己的位置，拥有的不过是勇气和信念。但我当时坚信，社会已有希望和可能性，即将打开一条通往未来之路。我每天花费大量时间搜寻一切创作灵感，也有幸遇见了许多影响我人生道路的人。

　　那时，仓俣先生已作为新锐设计师声名鹊起。我从大阪间或拜访，他总会把某位有趣的人介绍与我相识，比如横尾忠则[3]和前卫艺术家高松次郎[4]。在交往的这些艺术家中，杉本贵志以其特立独行的个性从众人中脱颖而出。尽管当时他刚从东京艺术大学美术学部工艺科毕业，但已给所有见过他的人留下了深刻的印象。他喜饮清酒，食量颇大，友善而单纯的神情中混杂着一丝拒绝接受他人观点的倔强，这一形象深深地印刻在我的记忆里。从那时起，在担任初级设计师的 4 年中，但凡听闻这位设计师完成了某个作品，我

上图
世界知名的大阪本土设计师安藤忠雄，擅长水泥和玻璃建筑设计，1970 年创立自己的建筑设计事务所，获奖无数，如 1995 年获得建筑学界最有声望的普利兹克奖，2002 年荣获美国建筑师学会金奖。

右页图
Radio 酒吧中经雕刻的实木吧台和金属墙面，1971 年开业即震惊东京设计界，很快成为艺术家和设计师最爱光顾的地方。

第 viii 页图
超级土豆设计的作品多利用不同材质的碰撞与融合，例如 Brasserie-EX 咖啡馆入口处的设计，利用形状各异的焊接金属板打造出独特的大门。

必定前往一探究竟。

　　我第一次亲眼所见的杉本贵志的设计是 Maruhachi 酒吧。一半的天花板和墙面保留了原始水泥面，另一半则以方形钢板覆盖，仿佛百叶窗一般。以杉本的个性，我已经做好了接受强力视觉冲击的准备，不料，作品呈现出的质朴和力量却远远超乎我的想象。截然不同的材质传达着各自的信息，同时整个空间又完整统一，具有能说服观者放松下来的力量。尔后，我经常拜访的 Radio 酒吧是杉本 1971 年设计的杰作，至今仍能回想起他赋予那个空间的力量和吸引力，酒吧的

【注释】

1 庵治花岗岩（aji stone）
杉本贵志使用过的一种花岗岩类型，开采自四国岛采石场。与日裔美国雕塑家、设计师野口勇（Isamu Noguchi, 1904—1988）及其合作者——日本石塑艺术家小泉纯一郎（Masatoshi Izumi）所使用的石材相同。

2 仓俣史朗（Shiro Kuramata, 1934—1991）
20 世纪日本极具影响力的先锋设计师之一，以家居和室内设计闻名于世，他将轻、透等理念嵌入了自己精致、关注细节与技术的非凡作品中。

3 横尾忠则（Tadanori Yokoo, 1936—）
东京的先锋平面设计师、插画艺术家，早先受日本 1960—1970 年间的反传统文化潮流影响，以创作海报招贴画被人熟知，对日本的视觉艺术产生了持续而重要的影响。

4 高松次郎（Jiro Takamatsu, 1936—1998）
从 20 世纪 60 年代开始活跃于日本的当代艺术领域，着力探索存在与形而上学问题，作品主要为混合媒介的概念艺术与装置。

5 弥生文化（The Yayoi culture）
公元前 300—公元 300 年左右的日本文化，深受中国和朝鲜半岛文化的影响，该时期文化特点主要表现为农业的出现（水稻种植）、制陶工艺的进步（手工陶器、带纹饰的陶器出现）及金属工具的使用（铁、青铜工具及器皿，可能由亚洲大陆带至日本）。

6 绳文文化（The Jōmon culture）
公元前 12000—前 300 年的日本文化。该时期文化以游牧、狩猎、采集为部落的主要组织形式，主要使用泥条盘筑法制陶。用近似草绳花纹的图案作装饰。基于绳文时期陶器体现出的原始、大胆而高超的雕塑工艺，该时期的人们被认为具有强大的原始能量和大胆的天性且勇敢。

整个空间通过人类的双手展示出了来自创新产业的无限活力。在那儿，锈蚀的金属墙面和布满树瘤的樱桃木吧台营造出一种神秘的和谐感。

　　对大多数人而言，包括我自己在内，我们更在乎对时间的表述，关注的焦点在于从西方兴起并盛行的现代设计风格。在我的观念里，这种风格是我们开启寻找自我、发现自我和表述自我的征程的起点。然而，从同样的起点出发，杉本却在作品中发展出一个全然迥异的维度，似乎来自一个异域星球。

　　与此截然相反，仓俣史朗的作品则因其强烈的设计敏感反映出精细而严苛的美学思考。较之仓俣先生作品中极致的轻盈感——丰富的透明度令材料似乎完全挣脱重力束缚，杉本的作品走向了另一个极端，仿佛释放了一头藏于深邃之处的黑暗之兽。我相信两人作品之对比，就如同比较弥生文化[5]的精致感和绳文文化[6]的原始生命力，这一点应该不用担心被误解。

　　当然，作品的本质基于时代的结构性语言。当设计简化为线、面时，创作中充溢的极度张力便显现出来。然而，作品的本质始于抽象存在，经由杉本贵志的思考与感性，并在当下被赋予具体的形象和空间，创造出一种不和谐之音。作品的每一部分皆有其独立的存在方式，经一次次相互碰撞，呈现出各自不稳定的气场，并掌控彼此的空间。这种原初的空间只可能出自超级土豆设计事务所具有独特设计天赋的杉本贵志之手。工业生产过程得到最大限度的限制，各种材料以其天然状态被随意摆放，似乎信手拈来，不同材质的特性却得到充分利用。一块非常厚的木板紧邻花岗岩，岩石的横断面示于众人。用切割得很粗糙的厚木板打造的吧台，仍保留着木材本身的树瘤和节疤。杉本有一双挑选材质的慧眼。

　　上述充满矛盾、所谓碎片化的空间，其实质很难用近来流行的设计逻辑进行解释。借由摄影、绘画及其他媒介，传达多元的设计理念，似乎同样是个问题。30 多年来，杉本一直保持着这种创作风格——初看似乎极其简单，实际上却很难真正理解。最令我惊讶的是从他早年的作品中也能看到其一以贯之的创作理念。

当然，其作品的表现形式会随时代风尚与基调变化而自由变化，但在某种程度上，他的作品总呈现出一种不连贯的断裂感。

基于逻辑的评价是困难的：这个基于杉本个人身体感觉所创造出来的世界与所谓的公认的概念相去甚远。通常来说，他的作品在当今社会可被视为一种封闭的存在，然而，在那个封闭的宇宙中，杉本孑然一身，努力创造出各种迫使我们重新审视存在感的空间，且这些空间在现代都是难得一见的。不同材质的物件被随意摆放，一个接一个，自由呼吸着，仿佛开始一段贯穿整个空间的有关生命现象的叙述。如此这般被创造出来的生命力，我认为，是一种奇迹。

很长一段时间之后，我有机会与杉本对谈。他的个性与活力一如既往：他突然毫无征兆地开始描述在巴厘岛访问期间偶遇的盛大节庆。我听着杉本绘声绘色地讲述节庆仪式的过程以及这一过程如何表达并重现了当地居民的传统生活方式——某种在当今社会几乎已经消逝的东西。我信服了，那种生命力正是杉本自身的写照，是他希望通过作品创造的东西。与建筑设计相反，室内设计通常需保持对时尚的敏感，而由于行业快速循环的周期，室内设计掌握着终结传统生活的力量。在此情形下，杉本深刻探讨了几个本质性问题：何谓存在？何为创造？赋予物质以生命究竟意味着什么？

通过对合理形式的精细把握以及对测量和构图的圆熟运用，他手中的材料被注入了新的生命。从 20 世纪 60 年代末至今，杉本贵志一直在这条道路上不断求索——创造了一个属于他自己的世界。将自己的身体与灵魂置于反抗并挑战时代与潮流中，杉本以其值得钦佩的忍耐力和张力继续创造着空间断层。我希望能一直有幸欣赏这种品质。

安藤忠雄

引言　超级土豆设计事务所

"超级土豆"这个词容易引发各式各样的想象——但是，作为一家室内设计事务所的名字，听起来多么古怪呀！这个选择似乎完全不合适。然而，在认真审视这家事务所设计作品的特质及其设计原则，了解了首席设计师杉本贵志之后，你会发现，这家事务所的设计作品，如其首席设计师一样，的确是"超级"的：空间层次、质感极其丰富，不迎合当今流行趋势的独特表现手法无人能及，体现在设计过程及项目成品中的创造力无与伦比。至于"土豆"，这毫不起眼的块茎植物虽然历来是人们熬过艰难日子的首选，可几乎从不曾被视为严肃设计的灵感缪斯。那么，选择这个词意味着什么？土豆，承载着每个人都能感同身受的历史，不经意间传递出许多信息，而这恰恰是超级土豆事务所设计作品的特质。被使用过的、回收的各种废旧材料为设计增添了深度及丰富的象征意义。看起来，

土豆是普通、简单甚至有些低微的，但同时又蕴藏着无限潜力，经与"超级"这一修饰语结合，它变成某件前人从未想象之物，而这同样是超级土豆事务所的作品呈现的面貌：看似熟悉却从未想过可以如此呈现，充满异域风情却又朴素到近乎荒凉，纯属原创但并未失却与过去的关联。

1973 年，杉本贵志创立了超级土豆设计事务所，彼时，他从东京艺术大学美术学部毕业不久。学生时期，他专攻金属雕塑，后转向金属照明装置设计，进而走上室内设计之路。持之以恒地探索运用不同质地的材料创造意蕴丰富的空间，强调光与影的和谐，令杉本贵志成为当今日本极重要、极具影响力的设计师之一。他作品等身，观众遍布三个大洲。杉本贵志早期的设计作品——完成于 1971 年并于 1982 年翻新的 Radio 酒吧，已成为今天众多创意思考者的聚集地，该酒吧的空间设计及使用的材料令他们深深着迷。杉本贵志独特的设计理念，如 1998 年在新加坡开业的 Mezza9 餐厅中所采用的"剧场厨房"（theater kitchens），令其蜚声国际。所谓"剧场厨房"，就是厨房里的所有操作一览无余，供顾客就餐时观赏"娱乐"。这个设计后来被其他设计师竞相模仿。不过，模仿作品极少能呈现出杉本贵志原创设计的复杂度及优雅格调。

是什么让超级土豆的设计作品如此卓尔不群？从本质上看，它们是纯日式的，但为何在所有观众眼里，却都似曾相识？究竟是什么影响了杉本贵志对自身设

上图
各式空间、材料、细节的图片贴满超级土豆事务所的墙面，用于启迪灵感。杉本贵志和米拉·洛克（左）正探讨事务所的早期设计项目。

左页图
超级土豆事务所较为近期的项目之一，东京君悦酒店大教堂（见第 162 页），设计风格较以往不同，但同样激动人心。这一优雅与简洁的设计受到安藤忠雄的影响。

计理念的调整与提炼？一切要从他大学时期说起。当时，杉本对废品场非常着迷，他搜集、回收利用废弃物和材料，认为这些物品身上蕴含曾经的使用者的理念和生活方式。大学二年级时，他用回收的废弃金属片为学校庆典制作了一个小型装置，这一创作举动打开了他的视野。他看到各种材料，无论新旧，都具备潜在的表现力，这一观念深深地印在他的脑海之中。作为一名20世纪60年代的大学生，杉本对当代文化潮流一直抱有浓厚兴趣，可当第一次见到毕加索的作品时，他震惊了，发现原来自己根本不理解何谓现代艺术。不过，他想要理解现代艺术的欲望变得非常强烈，此后便开始日复一日地学习绘画，仔细研究塞尚的每一幅杰作。通过作画，他开始学习将绘画作为一种观察方式和思维方式，同时遍览日本内外所有类型的设计作品，并逐步建立自己的创作语言。他探访欧洲，那是当时许多日本年轻设计师的灵感之地，接触到很多杰出的欧洲设计师。他尤其着迷于20世纪60年代意大利的先锋设计风格，尤其是超级工作室[1]这一前卫建筑设计小组的作品。1966年，超级工作室诞生于佛罗伦萨。作为对蔓延于20世纪的现代主义思潮的批判和回应，该团体对建筑及工业技术作为社会变革的积极推动力这一角色提出疑问，通过物的设计、展示，以拼贴画、电影等为媒介，探索设计理念如何实现。杉本早期的设计作品中清晰地展现出超级工作室的影响，如1976年设计的Strawberry咖啡馆，以及用"超级土豆"为自己的设计事务所命名。

除却受到欧洲设计风格的影响，在欧洲走访期间，杉本深感欧洲与日本设计风格的巨大差异，考虑到未来的发展，他必须发展出一种更"日本"的设计风格，比起现成的欧洲模式更能体现出日本当代文化的特质。杉本是在20世纪六七十年代这段战乱不断的时期成熟起来的，成为独立思考者，在他眼中，这个时代的绝大多数年轻人缺乏特定的生活目的或奋斗目标。他深切地感受到，当时的社会对"什么是生活中有价值的东西"这一问题的看法在不断变化，而日本文化也正从"崇尚思想价值"转变为追求"在辉煌中获取价值感"。

为理解这些变迁，杉本认为有必要从日本文化中发现新的价值体系。为将这一理念呈现在作品中，他从16世纪发源于日本的传统茶道仪式入手。这种茶道仪式通常被称为"侘茶"[2]，追求佛教和禅宗的高洁的审美境界，强调从不完美中寻找美的美学理念。从那时起，茶道仪式的严格程序及其中蕴含的精致而质朴的美学观一直延续至今。

杉本将茶道或"ocha"（即"茶"）理解为一项创造活动，体现着他所认为的日本真正的价值观。这种风格显露在茶道的方方面面，如仪式空间、灯光、服饰、器具、配食和鲜花摆设。不过，种种物件的意义并非固定不变，而是随着设宴主人选定的不同主题而有所变化。通常，茶道的主题会考虑季节、宾客、举行时间及其他诸多因素。在杉本看来，茶道并不仅仅是一种简单的仪式，更是一种创造行为，要求主人独立完成所有准备工作，从宾客名单到配茶点心，考虑周详，事无巨细，最终让宾客收获一次盛大而内聚的体验。它具有仪式感和娱乐性。杉本深深为之着迷的，正是蕴含于茶道仪式整个严密过程中的匠心，它待人发现，给人灵感。杉本感到，一个人尽己所能完成的茶道实践具有更大的价值，因为整个过程中，身心专注，如此虔诚地完成每一步，最后完美无瑕地完成仪式过程。同时，他还从茶道中明白了日本人固有的民族特性。他在自己身上感受到这种特性，且意识到其他日本同胞身上也都有。

在杉本贵志眼中，如果说茶道代表了日本的精英文化的话，那么，居酒屋或小酒馆则代表了典型的日本市民文化。尽管居酒屋与茶道呈现出截然相反的面貌，但杉本仍非常喜欢居酒屋。居酒屋通常位于轨道交通下方的通道或密集街区的小巷，只有一条小吧台、几把椅子，顾客们在休闲的氛围中放松地与朋友饮酒交谈，从吧台上几只大碗中自取零食。同样，杉本还喜欢简陋的乡村餐厅，里面有使用了多年后污迹斑斑的墙面，及一群讲究高品质烹饪和家庭氛围的常客。在简朴的乡村餐厅或狭小的居酒屋中享用一顿精致的家常料理，或在简陋的山中木屋与朋友享用一杯清酒，

杉本从这些简单的事物中辨识出一种集体意识。他意识到，这种与乡村、简单质朴的自然紧密相连的集体意识，正是日本人共有的，在他界定自身作品、探寻日本文化的价值之路上具有不可估量的作用。

将茶道中的创造力与乡村质朴景观结合是杉本贵志针对 20 世纪 70 年代末到 80 年代初日本文化价值感匮乏给出的解决方案，大概也是他最重要的设计理念。最能展现这种理念的设计项目是 1990 年开业的 Shunju 餐厅东京赤坂店，这是杉本任设计师的系列连锁餐厅中的第一家，但仅营业了 4 年便宣布歇业。在这家餐厅中，杉本特意采用烛光般柔和的灯光，影影绰绰的光线令整个空间无比舒适，似乎让人回到旧式居酒屋中，却又多了一丝神秘气息。灯光照射在各种材质的物件上，其中许多质地粗糙的物件有时看起来似乎吸收了光线，有时又仿佛令光线折射出各种形态。不同材质的物件经精心挑选、组合，展现出了各自的特性，有时虽看上去彼此冲突，但又相互交融，呈现出一个平静、统一的空间。

餐厅吧台面对着一个精心栽培的庭院式花园，令人忆起茶园，目光会不由自主地落在园中点缀的巨大石灯笼上。花园的地面与吧台等高，将内外空间连成一体，给顾客带来全新的视角。一扇带孔屏风隔开餐厅的两个空间——布置八九个椅位的吧台区和铺木地板的茶室。茶室有凹进墙壁的壁龛和凹炉，既可用于茶道表演，也可作为普通的用餐空间。

在探索、融合居酒屋的原初能量和茶道的精深创造力，打造统一、有力量感的空间的过程中，杉本贵志小心翼翼地尝试，并不断改进，让材料和光线赋予空间更丰富的意义。他提及自己的主要设计理念有三：交流、自然感、创造。其设计实践也一贯倾向于创造融入有自然感的交流空间。

对杉本而言，交流带来灵感，而灵感——无论是瞬间的电光石火还是得以延续的创作理念，都是设计

上图
从茶室向外望去，圆孔金属板、竹编窗帘划分出吧台和花园的不同空间层次。

的关键。交流可由多种途径得以实现。杉本非常注重空间里光线质感的选择与控制，通过光线传达其想呈现的感觉或情绪。空间的尺寸与形状能推动一场无声的讨论，也可以引发一次激烈的思想碰撞，还能传递或浪漫或神秘或嬉戏的感觉。在超级土豆的设计作品中，至关重要的是材料传达出的历史感，是材料与人或地点的联系，是未知而模糊却又能让人在无形中读懂其中关联的细节。材料本身包含丰富的信息，而杉本则把自己的创作设计视为一张精致的信息网，借由不同种类的材料传递出来，其信息既足够强烈，以至于人们能清晰地接收到，又轻微得诱发人们的好奇与深入思考。这种设计理念可一直追溯到他在 20 世纪 70

年代末对变迁中的日本文化的理解。自那时起，他逐步拥有了自己的设计师服装品牌，位于时尚社区的豪华公寓的室内设计于微妙中见真章。他是叛逆的，但仍留心观察现代日本社会的消费文化。

杉本贵志"离经叛道"的思维体现在超级土豆的设计作品中，便是强调对废旧材料的回收和运用。例如：Shunju 餐厅东京赤坂店的金属屏风；1983 年正式启用的 Pashu Labo 陈列厅，利用从旧学校回收的木材搭建整体架构；还有 2002 年开业的位于东京百货公司里的两层楼餐厅 Shunkan，设计该餐厅的公共空间时，杉本利用塑料软管、硬纸板条和机械零部件制成精巧繁复的马赛克墙面。这些材料经过工业生产过程，它们的历史或许难以言明，但表现出的力量感却显而易见。通过超级土豆设计师的手，它们完成了另一次转化，从微不足道变得意蕴丰富，从"朴素"变得"超级"，自身的价值也因此得以彰显。

杉本贵志的第二个设计理念——自然感，与他对茶道的看法紧密相连。在创造性地设计一场茶会的过程中，自然是一个重要元素，主人要依据节气决定茶会主题，挑选茶道风格及准备其他要素，比如鲜花、装饰壁龛的书画卷轴、茶点、茶具，使整个主题完整统一。在超级土豆的设计作品里，有机材料和矿物材料的视觉感及触感时刻提醒着我们与自然的联系，或许可以具体到童年记忆中某棵特别的树或一片森林，也可能是某种不那么具体但同样具有启发性的东西。天然材料也被用来赋予空间以力量感，无论是纤弱精巧的竹子与废旧金属并置后呈现的强烈冲突，还是巨型石墙展现出的令人震惊的冲击力。Mezza9 餐厅的设计正是如此。

然而，通过诸如木、竹、石、泥灰、石膏等天然材料以及运用内外隐含空间的联结，超级土豆设计作品对自然的观照已超越了材料本身与自然界的直观联系。通常，人类被视为自然界不可或缺的一部分，日本的传统文化对自然理解也是如此，因此，人类手工打造的痕迹一样可被视为自然留下的痕迹。Pashu Labo 陈列厅中满是划痕的木柱，Shunju 餐厅东京赤坂店里粗砍而成的吧台，还有 2004 年完工的 Sensi 餐厅里遍布钻坑的石墙，所有这些天然材料上遗留下的人类手工痕迹，无不清晰地传达着历史的另一种层次。

创造，杉本贵志的第三个设计理念。正如杉本所说，创造就是能量，能量激发灵感。对他而言，创造是整个人类社会的也是他自身进步的动力。他把商业理解为某一特定时期创造的结晶，认为当前日本人保守的赚钱态度最早出现于 20 世纪 80 年代日本经济繁荣时期，其根源正是对改变和前进的必要性缺乏创造活力和灵感。杉本认为，当今市场上 80% 的物品或许看上去设计精美，但毫无超越其物理形态的力量，它们丧失了激发灵感的深刻意义，而深刻的意义恰是真正的美的标志。就当代社会现状而言，单纯的新的创造本身无法提供什么深刻的意义，但与旧物品一起，却能产生变革所必需的能量与灵感。

1980 年，受西武百货公司赞助，杉本贵志与小池一子（Kazuko Koike）、田中一光（Ikko Tanaka）一起创立了无印良品，如今，它已发展为一个国际知名品牌，简称 MUJI。草创之初，无印良品不过是一家生产和贩卖设计精良、品质不凡却并不昂贵的日用品的公司，创意总监兼文案撰稿人小池一子选用和式英文"so"作为公司最初的设计主题，意为"元素"或"开始"。当时的时尚潮流崇尚纯粹的空间和漂亮利落的线条，比如仓俣史朗，他创造性地将钢网、玻璃、铝、丙烯酸纤维等日常工业材料转变为近乎透明的形式，室内设计风格较为华丽，如近乎透明的家具展现着"光"和轻盈感。除却当时流行的极简主义设计风格，杉本和团队希望无印良品展现出自然、无拘无束的感觉。1987 年，无印良品第一家零售店于东京开业，设计者正是超级土豆。当时，田中一光不仅是平面艺术家、公司创意总监，同时也是设计师和茶道大师，受杉本贵志影响颇深。他在棕色硬纸板上印上品牌名称的缩写作为店面招牌，一直沿用至今。毛线编织筐里装满商品，陈列在厚厚的实木架上，整个空间有一种家的感觉，似乎完全未经设计，只是用朴素的背景来凸显商品。

无印良品这个以"倡导一种生活方式"为经营理念的公司，从开业至今，其售卖的碗碟、笔、衣物等物品在日本仍广受欢迎。近年，公司业务范围不断扩展，2001 年开业的无印良品餐厅同样由超级土豆设计，既是样板间，又可作为露营场所。2003 年，在意大利米兰举办的"无印良品的未来"展览的产品目录中，小池一子写道："作为对我们现代生活的贡献，无印良品彰显了对日本文化和审美中本真、极简、平实等那些不可或缺的特质的推崇。"循着田中一光的脚步，无印良品现任艺术总监原研哉（Kenya Hara）为"无印良品的未来"展览的产品目录拍摄了令人惊艳又动人心魄的照片，在目录中他写道："无印良品就是一只无比巨大的容器，能容纳任何人的感受，能接纳每一个人。"杉本贵志补充说："让我大胆杜撰一些术语吧：无印良品旅行、无印良品房屋、无印良品汽车、无印良品红酒……"

无印良品刻意放慢了向未来前进的脚步，深思熟虑、小心翼翼地极力避免流于转瞬即逝的时尚潮流，而追求不朽的设计风格。2001 年在东京开业的无印良品有乐町店，所有东西一览无余：建筑本身的钢筋架构、通风管道，排列整齐的放满商品的货架，还有为无印良品餐厅当天的午餐准备的食材。超级土豆设计的这个空间能让每一种元素充分展现各自的独特力量，而又包容进同一整体之中。这种力量感有别于日本农舍[3]呈现的力量感。日本传统民家农舍裸露在外的粗大横梁展现着力量与结构的历史，家家户户世代相传，农舍里也留下他们曾经存在的痕迹，增添了建筑空间的历史感。同样地，无印良品的设计风格不可避免地随时代变化而不断变化，但创立 25 年来，始终维系着它与过去、与历史、与日本传统的关联。

【注释】

1 超级工作室（Super Studio）
超级工作室建筑设计小组最初由建筑师阿道夫·纳塔利尼（Adolfo Natalini）和克里斯蒂亚诺·托拉尔多·迪弗兰恰（Cristiano Toraldo di Francia）发起，随后亚历山德罗·马格里斯（Alessandro Magris）、罗伯托·马格里斯（Roberto Magris）和亚历山德罗·波利（Alessandro Poli）加入。尽管该小组于 1978 年解散，但独立设计师们仍在对他们作品里表现的议题进行不断的探索。

2 侘茶
15 世纪末，日本茶会兴盛，作为一种活跃的社交聚会形式，是展示财富和权力的场合。人们会通过在茶会上展示琳琅满目的物品炫耀自己珍贵的中国茶具。到 16 世纪，来自大阪市的商人千利休（Takeno Joo）及其学生古田织部（Sen no Rikyu，后来成为日本茶道历史上最具影响力的茶道大师）发展了"侘茶"，规范其严格的仪式过程及独特的美学观。

3 日本农舍
日本的农舍根据当地不同的气候、环境和地方建筑材料搭建，形态各不相同。通常来说，农舍由巨大的木头梁柱构成，梁柱直接裸露在外，给人以清晰的建构感，让人感受到结构的重量。

4 加斯东·巴什拉（Gaston Bachelard，1884—1962）
法国哲学家，其学术生涯始于教授自然科学，后来转投哲学，同时在大学任教。他的著作被译成多种语言，对设计界，尤其是杉本贵志这一代的设计师影响深远。

杉本贵志常常试图借由传统的力量，包括传统材料、传统材料的处理方法来赋予自己的创作以力量感，同时令作品与历史产生视觉上和经验上的联系。然而，他同时认真强调，其自身旨趣在于利用传统材料创造新的设计作品，而非囿于传统设计，他对当代文化和设计也同样颇为着迷。

杉本的目标是为灵感创造空间。为不断寻找创作灵感，他经常搜寻新的事物来体验、品尝、赏鉴，用他自己的话来说就是"ajiwau"（意为品味、品尝）。杉本感兴趣并受之影响的事物很多，美食、音乐、旅行，各式各样，丰富多彩。他希望自己的设计能"日常但不普通"；他走遍东京的大街小巷，踏足任何可能产生共鸣的地方，只为在日常生活中寻找灵感；他不断搜寻，脑海中总盘桓着设计主题。对杉本而言，设计不是比例或形式的美，关键在于感受和体验。尽管他相信，美的观念如同对价值的看法一样，在 20 世纪发生了巨大改变——由深刻变得肤浅，并成为 21 世纪的关键词，然而他并不在意外表的漂亮，而是注重在过程中发现美，这又与茶道理念息息相关。在日语中有句话是"许多东西叠加在一起韵味丰富"（Irona koto kasanette oishi），用在设计上，就是设计不仅仅在于品位，更关乎感觉、情绪、信息、时间的流逝，以及体验能量迸发的瞬间。尽管体验瞬间产生的力量至关重要，可杉本却认为设计是"一种被慢慢感知的东西"。

在杉本贵志和超级土豆设计事务所看来，时间，必须始终在作品里加以展示：无论是某个瞬间感受到空间里的生命力，还是第一次目睹大块粗粝岩石与精致玻璃柜并置时感受到的强力冲击，或是看到历史在废旧金属表面刻下的永恒印记，都让我们体验到时间稍纵即逝的本质。杉本曾提及法国哲学家加斯东·巴什拉[4]对自己的影响。巴什拉的著作深入审视了空间和记忆的重要性及对时间经验的理解，而杉本则由巴什拉的理论联想到在日本得到发展的禅宗。时间的本质是转瞬即逝，杉本形容这就好像把一个中学女生瞬间变为一位白发老太太。从巴什拉回到自身的历史文化，杉本将设计作品与时间转瞬即逝的观点联系起来。同

时，也正是时间的这一本质，将超级土豆当下的设计作品引向未来。杉本强调，即便如大多数室内设计项目的命运那样，一个设计项目的生命周期短暂，但仍会对未来设计产生重要的影响。

杉本贵志是着眼未来的。作为一名设计师，同时也是一位教师，正如对待自己作品的态度一样，杉木希望自己的学生及超级土豆事务所的员工都能找到适合自己节奏的人生道路。尽管一个人无法设计未来，只能留下些影响后世的有形物，但持续思考未来、探索今天的创作行为将如何影响未知的将来仍迫切而必须。

从20世纪70年代末80年代初开始，当代文化越来越倾向于"消解思想价值"，更强调"在辉煌中获取价值感"，杉本贵志认为赋予空间、生活以意义迫在眉

睫。在他的设计理念中，必须发现并回收使用废旧材料，究其原因，并非此类材料廉价易得，而是因为它们身上附着随时间累积的重重信息，或者说是"真实"，与新材料形成强烈对比。新材料通常虽被认为代表了美，但缺乏与过去的关联。而杉本相信，新旧冲突恰是创作演化的历史基础，因此也成为未来创作的基点。

在杉本贵志和超级土豆设计事务所看来，设计在未来将更趋国际化，更前所未有地开放。如今，在事务所里经常能听到设计师们通过电话用韩语或英语讨论设计项目，他们的绝大多数项目位于海外，遍布亚洲、欧洲和美国。超级土豆事务所的办公室是一栋安静的极简主义风格的水泥建筑，位于东京的密集居民区，紧邻繁忙的铁路轨道。办公室里摆满各式各样的回收物品和研发中的新材料。与超级土豆的设计作品一样，这里同样是平静、雅致与活跃、杂乱的和谐并置，办公室里始终充满"嗡嗡"的活动声。急迫感在平静的表面下暗暗涌动，浓浓的伙伴情谊在质朴与卓越的创造性探索中静静地流淌。

上图
从无印良品店入口看，店内整体空间十分开阔，一眼可见延伸开来的货架和桌子，上面放满了商品。裸露的天花板给空间增添了另一层信息及趣味。

早期作品

Strawberry 咖啡馆

咖啡馆、酒吧 / 东京，涩谷 /1976 年

作为超级土豆事务所第一个在日本得到广泛认同的设计项目，Strawberry咖啡馆打破了20世纪70年代典型的咖啡馆设计风格，运用简单的形式、反光材料、剧场式灯光传达最前沿的理念。该空间聚焦于几何形状和工业材料的使用，较少关注功能性或舒适性，由间隔较宽的不锈钢圆柱支撑起巨大玻璃桌面和木制长椅，不锈钢的墙面和天花板，都明显受意大利先锋设计的影响。玻璃桌面似乎浮于不锈钢圆柱之上，而厚厚的实木长椅——与光滑的金属材料形成鲜明对比，在不锈钢圆柱的支撑下悬空出来，与不锈钢圆柱似乎仅有一丝关联。数千盏细小的灯打破了天花板的宁静，在不锈钢与玻璃之间不断折射，仿佛头顶悬着一片银河。

为凸显该店位于东京最繁华的涩谷地区的区位优势，Strawberry咖啡馆在当时流行的咖啡和酒吧景观的基础上增加了新的视觉体验。低矮的窗户嵌入整面墙，顾客能透过一片植满灌木的窄花坛瞥见户外的街景。外面各种活动仿佛远远地在昏暗的电影屏幕上上演，与光洁、富有能量的室内空间形成强烈的对比。

Strawberry咖啡馆的当代设计风格一扫当时流行的咖啡屋、酒吧典型的昏暗气氛。超大的玻璃桌面能让很多人围坐，与反光墙面及独具个性的灯光一起营造出活跃的氛围，适合轻松聊天，而不是静默沉思。只有木制地板和长椅采用了长满瘤节、满是裂痕的厚实松木板，从视觉和触觉上，让人对材质产生一些熟悉感。

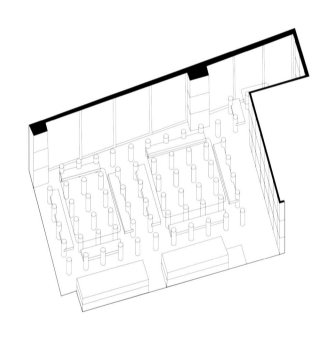

上图
整个空间里，不锈钢圆柱支撑的桌面和长椅等间隔摆放。

右页图
长长的水平开窗设计在墙面的低矮位置，让顾客坐着就能看到外面街上的活动，站起时则能看到外部狭窄的花坛。

Maruhachi 酒吧

酒吧 / 东京，涩谷 /1978 年

和 Strawberry 咖啡馆一样位于东京最繁华、最拥挤的中心区——涩谷，Maruhachi 酒吧的设计比 Strawberry 咖啡馆晚两年，却代表了两年后的新兴理念，是超级土豆设计作品的转折点。当时正值日本经济高速增长时期，20 世纪 80 年代通货膨胀的经济"泡沫"尚未到来，但整个国家已经开始调整原先的经济增长速度。

在这个设计中，杉本贵志希望传达一种共享的、因其文化倡导与自然的联系而生的日式情感，同时也试图融入他旅欧期间形成的新理念。Maruhachi 酒吧展现的是日本特质与西方影响相结合的理念，其设计融合了当代极简主义设计理念和日式居酒屋的舒适感。

杉本任由原始水泥天花板和墙面裸露在外（这在当时设计界无疑是一项空前的壮举），再加入回收金属管，像斜面百叶窗般覆盖住部分墙面，突出水泥的原始质感。杉本能辨识出二次使用的材料中所蕴含的美及与历史的内在联系。通过将新旧材料混搭使用，点缀以简单的剧场式灯光，凸显出各种材料的日常特质及舒适性。工业风的聚光灯与天花板悬挂的呈几何形状的金属灯交相辉映。光线通过两层空间的光滑地面层层反射，勾勒出墙面上百叶窗式金属管道的形状。灯光聚焦在木制桌面和长椅上，制造出纵深感，抵消了低矮天花板带来的压抑感。

酒吧二层以巨大的圆形桌椅为装饰特点，通过五级台阶与酒吧一层相连。为匹配长条状空间，酒吧一层主要设计为长方形桌椅。杉本贵志亲自前往日本北部城市盛冈挑选桌椅木材，装饰手法上也极力展现出材质天然的美。酒吧里，座椅的排列营造出社区感，尽管与传统居酒屋的桌椅排列不同，但在空间的双层设计及灯光运用上仍预留出了私密空间。

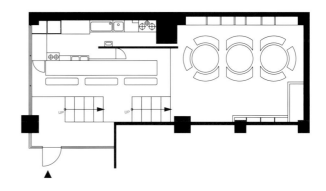

上图
酒吧两层的设计变化打造出各自的独立感，让空间似乎流动起来。

左页图
裸露的水泥天花板的重量和力量感与木制桌椅的天然美感相互映衬，并与光滑的地面形成强烈对比。

Radio 酒吧

酒吧 / 东京，原宿 /1971 年建成，1982 年翻新

杉本贵志将 Radio 酒吧视为自己最重要的早期作品，该酒吧深受其同代设计师及年轻设计师欢迎。杉本认为，设计并非简单的装饰，而应体现无形的个性。他希望 Radio 酒吧的设计风格本质上是日式的，以日本传统和风俗为基础，同时融入他旅欧期间构思的新理念。尽管杉本深知，特定的空间必定诞生特定的布景和气氛，但他仍十分担忧空间个性的丧失。因为设计和建筑的需要，空间的个性往往在绘图过程中会被抹杀。为了给凸显日本国民共享的文化——"生命力"找到表达途径，他开始用设计项目做尝试，邀请著名雕塑家若林奋（Isamu Wakabayashi）绘制了 300 幅草图来启发灵感。

杉本从在东京艺术大学读书时起便熟知若林奋的作品。在他看来，若林奋的作品反映出了日本人的集体意识，代表着共同的文化传承。杉本试图表现内化于日本人个体深处的集体意识，受此愿望驱使，他请若林奋花了一年时间绘制草图。这些素描草图与 Radio 酒吧的具体设计细节无关，但能启迪灵感。结果，一个崭新的作品横空出世，设计图的创作者完全独立于这些草图而创作，又经由设计图继续传达及展现设计理念。

在若林奋的草图中，酒吧设计雏形隐约浮出纸面，轮廓和模式若隐若现，却一直不够丰满。而实际成品完全展现出了杉本想要努力呈现的朦胧美，即那种浸润在日本审美传统中的、在不完美中发现美的美学理念。整个空间最主要的元素——吧台，由一块巨型樱桃木制成，保留着木材原始的节瘤和裂纹，仅供 7 人就座。锈蚀的铁板——这一室内设计中的新兴材料覆盖住整个墙面，来自久远年代的材料和肉眼可见的使用痕迹散发出另一种美。

为跟上时代前进的步伐，Radio 酒吧开业 11 年后再度翻新，同样由超级土豆事务所担纲设计。顶部精致的弧形灯是对原初设计的致敬，生锈的钢管和樱桃木吧台继续诉说着它们激发最初的设计灵感所具有的日式特质。

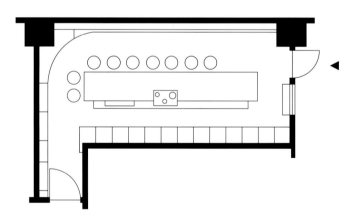

上图
Radio 酒吧布局图，吧台是整个狭小空间的核心，墙面和吧台的质感充分营造出了整体氛围。

右页图
弧形灯突出了木制吧台和锈蚀金属墙面营造的私密氛围，这一设计及材质选择的灵感明显来自若林奋的草图。

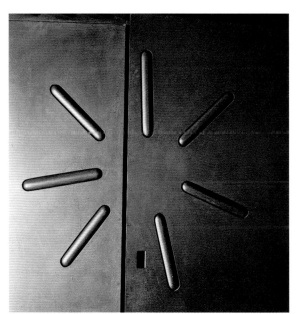

跨页图
向远处延伸的、经雕琢的木制吧台赋予空间坚
固、永恒之感。吧台表面粗糙的不同纹理交织
在 起，与金属墙面形成呼应。

上图
柔和的光线似乎被樱桃木吧台吸收，释放出阵
阵暖意。影影绰绰中，锈蚀的金属墙面上的抽
象图案隐约可见。

下图
酒吧设计中的许多形状及图案直接取自若林奋
绘制的草图，如下图这个金属门板上的不规则
图案。此类透着神秘气息的图案在 Radio 酒吧随
处可见。

Pashu Labo 陈列厅

精品陈列厅 / 东京，乃木坂 /1983 年

Pashu Labo 是专为高端时尚服装制造商设计的精品陈列厅，通过特殊主题的设计，不仅体现成衣的品质，也传达着品牌理念，最主要的是展现出时间的沉淀。整体空间装饰均采用回收的废旧材料，金属表面的锈蚀层和被风化的木材呈现出材料使用后沉淀的历史感，不同材料的组合运用则展现着与当下以及未来的对话。

陈列厅空间是个简单的长方形，超级土豆在设计中着意利用架子和壁橱突出了空间形状。突兀的物品轻易抓住人们的眼球，突出墙面的间隔。裸露的天花板上是迷宫般的管道，射灯的巧妙运用将人们的视线引向服装展示区。几根粗大的柱子从旧学校得来，漆成白色，兀自矗立在陈列厅正中央，既是空间焦点，也是展示区域。地板材料来源相同，虽然木板上遍布裂痕、

斑点和肉眼可见的窟窿，但当它们被并列放置时，意味着一种新的看待和理解材料的方式的出现。

嵌入墙面的衣架和衣柜用从自造船厂回收来的废铁制成，锈迹斑斑，布满裂纹，而墙面选用了同样的材料。大型铁架被分割成小块，然后随机焊接成不同形状，在灯光下反射出不一样的光泽。为确保衣物不直接接触锈蚀表面，衣架以锌处理，漂去表面的铁锈，只留下金属斑驳的银色以及时间留下的划痕与印记。在木制衣架展示区外，房间中心的空白位置被一组固体金属块划分开来，金属块经锻打将边缘柔化，呈现出陶土的外观与质感。它们作为雕塑品被陈列其中，带着神秘的过去，让人漫步其间便能感受到时间的永续。

下图
结合已有空间结构及裸露的管道，新元素的加入为整体空间增添了色彩与丰富的质感，并通过剧场式的灯光加以强调。

右页图
抽象几何形状的金属块状装置、废旧木材制成的极简展示架和富有质感的金属墙面共同赋予陈列厅一种画廊般的高级感。

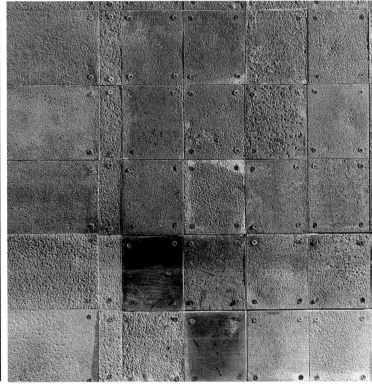

左页图
回收金属制成的金属盒在墙面随机码放成不规则的错落柜架。

左上图
嵌入式壁龛里展示着商品，墙面由废旧金属片组成，独具质感。

右上图
废旧金属片经过锌处理后拼凑起来，还保留着锈迹和粗糙的质地。

下图
正中央长条形的木制框架突出了整个陈列空间的纵深，自用功能架位于框架侧翼。

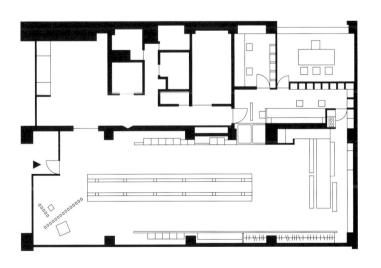

Pashu 零售店

精品零售店 / 札幌 /1983 年

Pashu服饰旗下近60家零售店之一的Pashu札幌精品店由超级土豆事务所担任设计，店面延续了Pashu Labo陈列厅的主题：展现历史，彰显空间中时间的积聚。设计师的目标是利用材料的年代感和光泽，赋予空间个性，诉说历史，而非简单展示材料的质感。超级土豆从拆毁的旧房子、垃圾场里搜寻和回收废旧材料。设计保留了材料的使用痕迹，重新排列组合，让废旧材料重焕生机，同时又凸显出它们自身的历史。有些废旧木材和金属被漆成白色，掩盖原本的锈迹，以保护展示的服饰，但材料的个性并未遭全然抹杀，仍保留着过去的使用痕迹。

精品店的墙面和地板的材料取自北海道旧屋的木板，一条条整齐排列的木板表面上的划痕和年代久远的裂纹清晰可见。所有木板均属同一种木料，但由于存在树龄、年代差异，花纹和质感也各有千秋，给整体空间增添了个性。从垃圾场回收的废钢也被设计成各式图案，每块废钢都展示着同一种材料可呈现出的多样质感与色彩。

与当代建筑材料旨在尽可能保持崭新的外观不同，超级土豆挑选能诉说历史或随时间流逝而老旧、变化的废旧材料，通过它们创造出具有时间沉淀感的空间，从只能存在于想象中的过去通往饱含内在意蕴的未来。

右页图

以灯光勾勒出轮廓线的悬挑天花板将顾客引向精品店入口。老式房屋的木制结构部分被漆成白色，略微隐藏起时间痕迹，用以划分出不同的服装展示空间。

下图

有雕塑感的楼梯是该精品店的一大特点。登上楼梯即进入二层的私人区，该区域的L形展示区和一个小吧台被实木框架与长方形展示空间分隔开来。

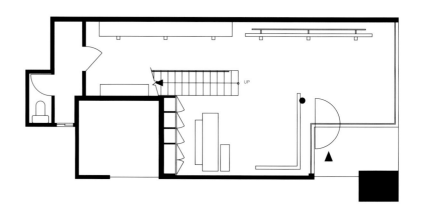

Old-New 酒吧

咖啡馆、酒吧 / 东京，池袋 /1983 年

　　20 世纪 80 年代初，杉本贵志意识到，日本经济领域中发生的变化标志着设计界的未来变革。在设计 Old-New 酒吧时，杉本提出：要通过裸露天花板上所有的梁柱、管道、电线以及部分水泥砖墙来展现空间结构；墙面中下部，约 1.8 米高的位置以下，用回收的废金属全部覆盖。该设计项目的客户是一家大型连锁百货公司，该公司起初拒绝接受超级土豆的设计构想，但杉本贵志极力劝说，这样的设计将对顾客产生巨大吸引力，并承诺对设计的成功与否承担全部责任。开业第二天，上百名顾客在酒吧门口排队等候，事实证明了酒吧的受欢迎程度。杉本的预测是正确的：日本民众已做好拥抱新理念的准备。

　　朦胧而精致的灯光照亮 L-形空间，细微的材料变化更增添了一份神秘。地板由好几种材质拼接而成，入口处是木地板，然后是亚光金属板，再到形状各异、大小不同的木料拼接，继而再度回归金属材料。像瓷砖一样的金属片，部分取材自废旧铜板，部分源自压扁的锡罐，还有一些是从旧卡车车厢上切割的钢板，沿着墙面中低位置铺了一圈，给空间包裹上一条色彩柔和的水平腰带。像百叶窗般水平排列在墙面上的金属板条，时不时地打破金属片整齐划一的排列样式。在看似随意的设置中，金属在昏暗的光线下发出神秘的光，粗糙的水泥砖墙与某些珍贵材料一起维系了整个空间，方便顾客自由活动。

金属墙面延伸到实木吧台处戛然而止，暴露出原始的水泥砖墙，与吧台、吧台后面经抛光散发出阵阵暖意的木制表面形成强烈对比。吧台根据空间布局，在拐角处转变方向，柔和的聚光灯突出了精细加工过的光滑表面。天花板上，黑色金属制成的高架固定装置用于放置聚光灯，是天花板唯一的设计元素。巨型圆桌和弧形座椅同样由厚木板制成，精加工过的光滑表面仿佛吸收着光线，又将其微微散发，填满了整个空间，清晰的线条感弥合了墙面与地板之间的细微色差。

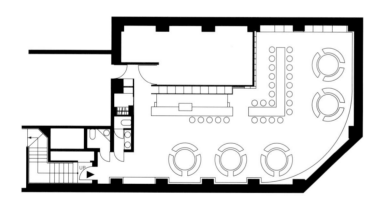

上图
平面图显示出酒吧简洁的空间布局，吧台环绕着厨房，圆形桌椅则沿外墙走向进行排列。

跨页图
Old-New 酒吧老旧的水泥砖墙和管道系统设计与崭新的墙面形成强烈反差，废旧金属混合拼接的"新"墙面刚好掩盖了空间里升高的一块空间。

Brasserie-EX 咖啡馆

咖啡馆、酒吧 / 东京，涩谷 /1984 年

Brasserie-EX 坐落于东京的学生活跃区——涩谷，半地下式，空间架构很高，也十分宽敞。杉本的设计用意是打造一种新的咖啡馆氛围，由各不相同的部分共同组成完整的空间，让人数不一的顾客群都能享有适宜的多样空间。中央楼梯一直延伸至咖啡馆入口处，作为让大空间具备舒适感的第一步，杉本贵志巧妙运用了这一天然的空间分隔。刻意制造的混沌主题区分开两种空间：一部分是人们习以为常的安静空间，另一部分则是类似装置艺术的活跃空间。其设计理念是让顾客不仅从物理形制上，更能从散发的信息中理解并接受空间，就好像在旧收音机上调换频道：既熟悉又涌入新体验，还略带一丝介于两者间的静止感。

活跃空间以花纹织物横幅为特点，其灵感来源于法国抽象派画家克洛德·维尔拉（Claude Viallat）不断重复同一形状的画面构型。横幅散布在马赛克瓷砖拼贴的黑白相间的墙面上。这些马赛克瓷砖都从一家瓷砖厂回收来，是在生产过程中受损、破碎的废品。碎瓷砖经随机拼接，出现在 Brasserie-EX 的墙面、地板和桌面上。黑白两种色调进一步区分出大空间，马赛克瓷砖的表面与五颜六色的贴画产生强烈对比。巨大的圆形桌椅能围坐 8-10 人共享此处活跃的气氛。带有彩色滤光器的新型剧场式聚光灯悬挂在高高的天花板上，照亮马赛克碎瓷砖铺就的桌面。这很可能是室内设计历史上第一次以这种方式采用剧场式聚光灯。

与色彩跳跃的瓷砖作品和充满生气的贴画形成对比，Brasserie-EX 的安静空间则设计为长长的矩形木制吧台和桌椅。木材带来的暖意与安装在墙面的废弃金属装饰刚好达到平衡。

上图
光滑的实木吧台与后方有雕塑感的金属墙形成
对比，从墙面金属板能隐约看出其源自老旧的
机器部件。浅浅的壁龛用于摆放酒瓶。

下图
借由楼梯把 Brasserie-EX 分成两个彼此独立的空间。

右页上图
跳跃的灯光突出了活跃空间的一侧，圆桌、弧
形座椅和色彩缤纷、图案多样的贴画与马赛克
碎瓷砖拼贴墙面相映成趣。

右页下图
酒吧地面层平面图示意从入口处经狭长的走廊
通过楼梯。

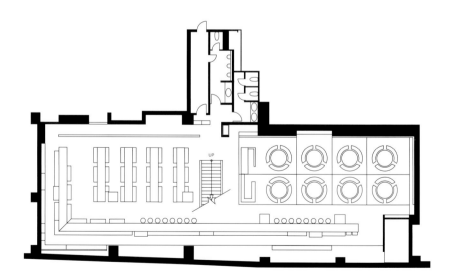

跨页图
入口处用玻璃包围起来，可以看到"飘浮"的
台阶将安静空间与活跃空间分隔开。

入口处用玻璃包围起来，可以看到"飘浮"的
台阶将安静空间与活跃空间分隔开。

Be-in 咖啡馆

咖啡馆、酒吧 / 大阪，心斋桥 /1984 年

Be-in咖啡馆所在的建筑原先是大阪的一间大仓库，经设计改造为咖啡馆和酒吧，这也是超级土豆事务所更具实验性的早期项目之一。在这个设计项目中，杉本贵志试图探索一种像作画般设计空间的可能性。与之前设计项目中强调废旧材料的质感与个性不同，Be-in咖啡馆的建筑及装饰材料表现出设计师刻意为之的模糊态度。当翻新施工进行到 80% 左右时，杉本让施工方停止操作。他与超级土豆事务所的工作人员及雕塑家若林奋（曾绘制上百幅草图为 Radio 酒吧提供设计灵感）一起，花一周时间仔细体验完成施工的部分，并做进一步完善。

他们把墙面及绝大部分物件表面都漆成白色，运用特殊工艺让颜料涂抹不匀，从而呈现出纵深感及雾蒙蒙的既视感。然后，杉本用粗铅笔在部分墙面上画出巨大的灰色方形图案，再打出呈直线或曲线排列的小孔，里面插入发光杆。发光杆组成的线条和灰色方形图案丰富了纯白雾面墙壁的层次感，也增添了些许趣味。

咖啡馆的主体空间架构较低，一连串台阶通往夹层里特殊设计的"吧中吧"。所有家具设施，包括造型简洁的吧台、长凳和座椅，似乎浮在空中，而台阶在精心设计的灯光下呈现出强烈的轮廓感。在咖啡馆上层，吧台位于狭长、紧凑的长方形空间的中心，中间有些许弧度，似乎被两端突出的雕塑块固定。抽象风格的整体设计营造出一种宁静、祥和的氛围，再点缀以点射光和雕塑元素，凸显出朦胧的层次和空间感。

上图
简洁的几何形门立于焕然一新的仓库前，明显地标识出 Be-in 入口，同时呼应了建筑本身强烈的线条感。

右页图
鲜明、清晰的几何线条定义了下层空间。用有明显反差感的材料打造的垂直平面与墙面拉开距离，既划分出了空间，又与水平实木桌面形成视觉平衡。

<u>上图</u>
Be-in 上层被构想为一个抽象空间,不同层次的
平面均漆成白色,墙面上用石墨画出不同形状,
由小灯散发的光线加以突出。
-

<u>下图</u>
实木橱柜和吧台流露的暖意,与墙面、地板、
吧台的白与冷灰色调对比,形成层次感。

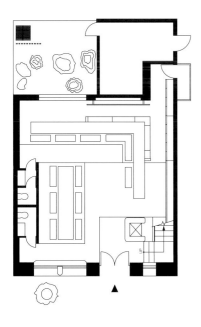

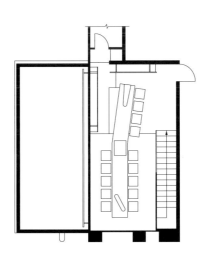

上图
下层空间平面图（左上图）显示，空间的焦点为一面巨大玻璃窗，可欣赏窗外小花园的景色。上层空间平面图（右上图）显示，吧台横穿窗户沿空间布局成L形转角，在临近台阶处戛然而止。

下图
从侧面看，台阶如同被设计为一个白色折叠平面，看上去似乎悬浮在空中，只有边缘被灯光点亮，突出了其装饰性效果。

对谈 1：竹山圣与杉本贵志

[2005 年 3 月 15 日，超级土豆事务所]

—

米拉·洛克（以下简称 M）：竹山先生，自 20 世纪 80 年代以来，您一直对杉本贵志先生的设计作品非常关注。请问您对杉本先生设计作品的最初印象如何？是什么吸引了您？

—

竹山圣（以下简称 T）：我认为，设计尤其是空间设计，应具有一项非常有趣的特质——切割。空间总是在设计师手里被不断切割。正是切割撼动了原有空间，创造出新的空间。在杉本先生之前，设计师仓俣史朗的创作既迷人又异常美妙，且结构极其严谨，材料均用砂纸精细打磨过，成品非常出色。可杉本却将材料用斧头劈得很粗糙——"看起来怎么样？"，然后就这么随手一扔。好了，就是那样，空间就这么被构建出来，我无比震惊。

—

M：杉本先生，您曾深受仓俣史朗的影响，对吧？

—

杉本贵志（以下简称 S）：他对我的影响非常大。但我并没有刻意模仿，因为我想那样做只能得其形似。我在大学读书期间偶然见识到仓俣先生的作品，当时我对设计还没产生太大兴趣，更喜欢美术，但已经开始想尝试独立做一些类似设计的东西。

在用金属创作时，我一头扎进去。与设计的第一次接触则是通过一件意大利设计师的作品。起初，我只是通过书本学习相关知识，真正认识设计到底是什么则是通过仓俣先生的作品。回想起来约是大三那年，仓俣先生设计的大阪 Cazador 餐厅竣工。看到餐厅空间的一刹那，我不禁感慨道："真是无与伦比呀！"尤其是仓俣先生早期的设计作品，当中蕴含着巨大的张力。刚才竹山提到的，是诸如"布朗奇小姐的玫瑰椅"（Miss Blanche, 1988）这样的作品以及仓俣先生后期的作品。但坦白说，我对那类作品并不感兴趣。借用竹山的话来说，仓俣先生的作品不仅仅是艺术，而是给人一种用利刃剖开自己观点的感觉。正是这个理念对我产生了巨大的影响。

—

M：竹山先生，如您所说，相较仓俣先生精心完成的作品，杉本则通过粗制材料看似不经意地叠加创造出引人入胜的空间。我想他是日本第一位采用这种技巧的设计师吧。但在我眼里，这样的呈现方式反而具有非常浓郁的日本特质。

—

T：仓俣先生的设计无疑是非同凡响的，但他的创作手法是建立在欧洲几何美学原理的基础之上——也就是说，美是基于物或方或圆的几何形状，这是对美的一种共识。然而，杉本的几何美学有些另类，难道不是吗？ Radio 酒吧是他相对早期的作品，还有位于大阪心斋桥的 Be-in 咖啡馆，在这两个项目的设计中，能

看到优美的灯光设置部分采用了圆形元素。因此，杉本也是运用了几何美学的。然而，在充分理解几何美学所具备的表现力的基础上，他同样还会问"你们觉得怎么样"——能明白吗？也就是说，他尊重几何美学，但同时也大胆融入感性因素，从而创作出一种非常特别的美的表达方式。我认为杉本是采用此技巧的第一人。

M：在那个时代，设计师们往往更多地关注普遍意义上的美的事物，对吗？因此，当目睹杉本先生追求的这种美时一定感到非常震撼。

T：可以用同样的思路来看待千利休（Sen no Rikyu，茶道大师）设计的茶室。千利休将土墙、竹棚以及其他被看作"不太洁净"的东西引入茶室，以达成一种"mitate-like"——类似"见立"[1]（能触发某种意识的、始料不及的意外景象）的美。杉本则引入了相互对立的材料，比如木头和泥土之类的地方性建筑材料，可是制成的又非民间手工艺品，恰恰相反，是现代工业产物。如果它们恰巧被人们认为是日式的话，那么我坚信，它们从本质上来说是日式的。然而，这些物件丝毫不带有探究日本传统的主观意识——杉本

【注释】

1 见立
原本是日本造园的一个概念用语，表示将类似的事物进行关联的行为。后通过日本著名建筑师矶崎新在建筑上的运用而开始被日本设计界广泛认知。——译者注

无意涉足分毫。取材自当地材料的建筑设计，假如制作粗糙，则变得像民间风格。换句话说，我认为杉本展示了一种截然不同的日本设计理念。

—

M：尽管如此，杉本的设计技巧仍源自日本传统，对吗？

—

T：杉本的设计是日本的，但也可以说不是。他出生在四国岛高知县，没错吧？濑户内海附近的人们曾几乎"镇压"过整个日本。同时，四国岛毗邻太平洋，既是日本的一部分，但又不属于日本本州岛，那儿是日本每次改革的首发地。"二战"后，美军在日本禁止剑道、柔道以及其他类似的日本传统武术。可是，杉本却是位剑道大师，尽管那通常来说是遭到禁止的。

—

S：在学校教授剑道是被禁止的，但在乡镇却可以，当地警方也允许那么做。

—

T：古代的剑道以武术为媒介诞生，一般使用武士刀，但现代的一般采用竹刀，剑道也变为一种体育竞技项目。顺便说一下，我第一次与杉本会面时，还有件事令我大吃一惊：他能用一次性筷子的纸套切断筷子——用纸割断木头啊。

—

S：我现在可做不到了，但当时还真能切得断。

—

T：那可真让人惊叹啊！一瞬间我仿佛看到了杉本早期设计作品斧劈刀砍的锋利。说锋利可不是比喻。我们当时在喝清酒，他对我说"给你小露一手"。我举着筷子，他拿纸套一切，筷子不是单纯折断了，而是被切成两段！我惊呆了。接着换我一试，完全不行。你以为这里面肯定有诀窍吧？但杉本坚持说关键在于速度——撞击的瞬时速度。这种身体的敏锐性和激发行动的想象力，渗入他设计的每一个细节。我在纸套切断木头的瞬间看到了这种力量，这种力量非常真实地吸引了我。不用说，杉本自会从科学上解释说"这

纯粹是拜速度所赐"。他不会将其联系到日本人的心智层面，仅仅因为他练习剑道，便不会将其简单归结为日本文化影响的结果。从表面上看，日本文化时而宁静祥和，时而纯熟老练，时而又静默无声，但其内核却始终存有一种暴力冲动。而我认为，这恰恰是深深蕴藏在杉本锋利的力量之下的东西。

—

S：真是一段趣事。从根本上说，一直以来我不断进行室内设计实践，它已经内化为我自身的一部分，又逐渐通过作品外显出来。举个例子，很久以前，千利休修建他的茶室，我觉得舒适度完全不在其考虑范围之内，借用你的话来讲，那就是带有某种暴力成分。有十几二十年，那种强调一种未完成的状态的理念，却一直在影响我。设计，特别是室内设计，根本不在于时尚或漂亮，这两者完全不是重点。关键是某种更本质、更有力量的东西。比如，当我在滑雪时，这在某种程度上，是在做一项剧烈运动，如果我感到腿脚酸疼，意识到自己身体正面临危险就松懈下来，我可能立马就会飞出去、跌倒。当我颤颤巍巍、大喊大叫地勉强稳住滑雪板时，我想，这种状态可以被称作一种紧张感。回到室内设计，我认为优秀的室内设计能制造紧张感。室内设计本身就能体现紧张感，为此，

它必须拥有切实的能量。室内设计不是简单地造出漂亮或时尚的东西。建筑设计同样如此，尽管维度有所不同，但两者很可能情况类似，对吗？

—

T：室内设计必须非常仔细地研究建筑的某个方面，建筑设计则包括方方面面的整体研究——先验的及内在本质的。在日本室内设计界，由于要对空间做精准划分，因此，必然要将其内在张力与本质研究个透。举例来说，正如杉本刚才提到的，滑雪时，风吹乱周遭一切，视线突然受阻，每时每刻情境都在不断变化。极速滑雪其实就是在切分空间，好像是一个人独立创造着空间。之前有一阵子，杉本迷上了摩托车，因为驾驶摩托车实际上和滑雪很像，周围环境时刻都在变化，一个又一个空间被切割开来。嗯，用剑道举个例子吧。如今，剑道作为一项体育竞技项目，是一对一比赛的。然而，当保皇党领袖宫本武藏（Musashi Miyamoto）战胜京都最顶尖剑道团体吉冈（Yoshioka Ichimon）时，他的对手不止一人，他被包围了，被迫杀出一条血路"逃跑"。说到底，设计也是要杀出一条血路来，难道不是吗，与用身躯披荆斩棘是一样的。杉本的做法就是切割、撕裂空间。

—

S：一点儿没错。举个例子吧，吴哥窟在建造前的十几二十年，像个小模型似的，人们在披迈（Phimai，泰国的一个县）建了一个与吴哥窟风格极为相似的佛教建筑群。直到近些年，泰国政府才发掘出来并修复。但修复工程完全不像日本这么精细，就好像只是在他们已知范围内将其组装起来而已。然而，正因为修复得不甚精确，反而呈现出强烈的现实感。简直太不同凡响了！你知道吗，从左边开始是一种风格的装饰图案，大约15米后，突然间变成截然不同的另一种风格的图案。太令人惊奇了！那可是整整一大面浮雕，很可能是一组带有特定传说的浮雕，忽然就变成了完全不一样的东西。而在那个转折点，原本有某种几何图案，而另一种几何图案突然也加入了，从这开始转换到另一种风格。除此而外，同一个垂直面的图案上下之间也在不断变化着。看着那一面雕塑时，里面的故事也渐渐浮现出来。还有一个类似的例子，就是古代日本的画卷，你必须将其一点点展开，才能看全画面。它不是由一段叙事组成，而是从一段叙事开始后，会突然进入另一段，最后，四五段叙事共同组成一个故事。

混乱，我们如今称之为混乱的，就是毫无逻辑。逻辑不完整会导致混乱。但在那个时期，人们并不这样认为。你可以说存在即合理。社会从本质上而言是符合逻辑的。在特定的逻辑中存在某种类似宏大的循环的力量，比如像佛教所说的苦难。从反面来理解这个概念，你便能感受到一种奇特的认知方法。在我看来，设计毫无疑问是理性的。从逻辑上讲，大约在20世纪末，有一家名为Bang&Olufsen的非常著名的音响公司，这一公司的音频产品、各式各样的照明装置和固定设备，被现代艺术博物馆采用。可那些东西很无聊，难道不是吗？我认为它们无趣的原因恰恰在于它们过于循规蹈矩，逻辑性太强。举个例子，在家具设计界，意大利米兰的国际家具展（Salone）聚集了一帮家具设计师，其中不乏业界顶尖的人物，但坦白讲，展览并不是很有趣，因为这些设计作品似乎已经走到了尽头，尽管非常优秀，但却了无生趣。可到中国呢，看看中国的古代家具，简直令人心跳加速。再看看西班牙，那些复古的西班牙家具或者亚洲殖民风格的古典家具可能更加有趣。那是因为，在那些年代，混乱存在着。或许现在的状况完全不同了，当时看起来混乱的表现方式如今也许已被视作日常。10年来，我一直提醒自己，我的设计要如何在混乱中感知存在。

—

T：回到建筑，即便关于逻辑性的讨论和争议颇多，但我们仍然研究逻辑。起初，我们能想到的只有包豪斯风格的构成方式，从这种构成技法出发，杉本似乎找到了一条通向绝对自由之路。至于呈现风格的具体方法，从某种意义上，可以说其强劲有力，也可以说其轻盈巧妙。当表现某些特定的先验事物时，欧洲或中国必然依赖对称形式，日本则处于边缘地带，因此会打破从中国学习到的庙宇式的对称结构。我相信这是源自日本人普遍都有的一种与生俱来的不协调感。混乱，正如其本质那样，是自然存在的。刚才，杉本说到"这不是逻辑"。然而，他所谓的那种逻辑来自隐藏于日本文化深处的一种方法。在尚未触及逻辑的时候，运用身体感觉刻意排除逻辑的干扰，就像杉本本能地创作的先验的设计一样，似乎各个部分彼此碰撞。

—

S：我认为，从 20 世纪后半期开始，设计被扼杀了，无论是汽车、服装或产品设计，都是如此，当然也包括空间设计和室内设计，以及建筑设计。这种情况是怎么造成的呢？很可能是由于我们需要的东西经过了太多道制作工序，有时甚至多达十几道，实在多不可数。当然了，得益于各种物件被制造出来，生活环境变得更为舒适了，但同时，类似自负这样的东西也出现了。有一些自负是合理的，但有一些也是有害的。举例来说，假如我们仔细研究日本的市场就会发现，据说市面上有数千种窗帘，室内其他装饰品比如地毯也一样——有数千个不同样式的同类产品。即便事实果真如此，可并没有那么多需求呀。同理，电子吸尘器、电饭煲、电视机及包括电脑在内的各种电器，各式各样，种类繁多。可以说在某些情况下，工业是被创造出来的，生产过剩维系着目前这个时代。有人说生产过剩给我们带来了富足，事实却并非如此，大多数工业产品只经历了从制造到销毁的循环之间。但我们并未放弃。无论是一家餐厅或一间陈列厅，我认为必须与现实产生联系。设计的作用不在于做漂亮的东西。回到前面的讨论上来，为表明立场，采取某种姿态，我们在对事物的解释上消耗了太多精力，比如怎样理解设计这一概念。在为茶道挑选、安排相应的鲜花这一过程中，有一种意识——所谓"茶-花"感，即考虑如何从花园里采摘鲜花并将其装饰在墙上。整个过程中，唯一必需的是主人自己独立采花。因此，即便我能搜寻到最合适的鲜花，但可能买不到，我必须亲自去采摘回来，这在茶道中是一条铁律。事实上，这条铁律对怀石料理——茶道前为客人奉上的轻食，

也同样适用，但如今却很难实现了。因为已经没人按古代茶道仪式要求的那样烹饪食物，所以我们通常将这道程序简化为送餐，或者是雇一位酒席承办人操办。在最初的茶道仪式中，主人独立准备宾客用餐是一条基本原则。从那个时代传承下来的食物的口味与美感，自 20 世纪下半叶，大约 20 世纪 60 年代开始改变，究其原因，是越来越多的物件被制造出来，同样地，越来越多的事物被用来贩卖。

在这方面，建筑有些许不同。从 20 世纪 70 年代开始，我们室内设计师的设计作品开始逐渐呈现工业

化的特点，出售设计作品逐渐与设计过程本身联系在一起。当然，这带来了一些好的影响，但百分之七八十的结果则不容乐观。时至今日，年轻设计师的作品看起来不再那么吸引人，因为那种美感，就像茶道中布置鲜花所呈现的美感一样，基本已消失殆尽。工业化能生产一切，包括产品销售的途径。当某样东西被贩卖到一定程度时，任务便完成了。

而这正是我使用废旧材料的原因，我不愿舍弃那种意识和美感。你可以说我是回收利用废旧材料，但至少我仍在肯定它们以前的用途。只不过，由于建筑的指导性原则，不同的废旧材料在功能上，会有些许不同。至于室内设计，因为其设计主体——建筑——结构完整，所以所谓的指导性原则也就不存在了。

—

T：比如说，收音机——不是那个名为Radio的酒吧，而是被废弃的收音机。当我们把回收的废旧收音机排列在墙上的时候，它们作为收音机的使用功能就被抛弃了。它们不过是一堆"尸体"，被回收再利用，然后呈现出一种它们行使原始功能时无法展现的美。关键在于这种美能否被我们发现。

—

S：这种美是当物件行使其原始功能时发出的一种类似能量环的东西，人们能从中感受到某种价值。

—

M：谈到废旧材料的价值，杉本先生，对您而言，材料本身就包含信息这一观点再明显不过了，对吗？

—

S：石材是这样，木材当然也是，只不过并非所有木材都一样。举例来说，废旧材料有些已经弯曲变形，有些表面布满划痕，有些在之前的加工过程中添加了许多别的东西……我们使用的材料本身就积累着海量信息。从江户式住宅出现直到它们变成废弃物的这段时间里，建筑木材积累、沉淀了信息，数百人曾在这些房屋里居住和生活过。假如那些木材摆在我们眼前，我认为它们自会释放出各种信息。对我而言，木材不是无生命的物质，而是在不断释放着某种信息。至于

石材，有些已经成化石了，比如，有些化石里留存着远古时期的海洋植物，有些记录下其他许多植物类型，有些里面包裹着昆虫、鱼类或贝壳。再说到金属，当然有在工厂内一次成型的钢材，但我通常采用的是使用过的钢材，因为其充满了能量，就像一节"空气电池"。我希望能充分利用这样的回收品，通过其中的信息，让整个空间而不仅仅是真实的物理空间，都被赋予了意义。我认为这是无价的。

—

T：重点是将物件转变为信息，转变为一种叙事的方式，或许需要将材料自身的特点放在首位，比如木材的纹理和质地，或者仅仅是一个木瘤。杉本的设计不是用宝石组成的，它自有一套与众不同的附着价值的方法。

—

M：杉本先生设计里蕴含的信息具备交流和成为催化剂的价值。那么竹山先生，您是如何感知杉本先生作品中的这种信息表达呢？

—

T：通过设计，杉本传达出一条再明确不过的信息：尽管材料本身是沉默无语的，但它们同样也在开口表述。在物件的制作过程中，必须考虑许多不同的东西，即便有些东西的形制无法用语言表达出来。而空间，并不是某一个人的专属或彻底封闭的。通常，空间的作用是交流，比如说酒馆、酒吧、餐厅、旅店，这些不同空间都在或多或少地传达着一种杉本所持有的态度。表述本身就是与他人交流。

—

S：我的想法可能更简单些。我认为，表面上看，室内设计的角色定位是介于建筑与时尚设计之间的某种东西。但要讨论设计的角色的话，设计不是润饰。和产品设计一样，使用专业设计师设计的产品并不一定能带来幸福感。今天，设计最重要的功能是究竟能吸引多少人聚集到一块儿。我们设计的空间也是这样，比如酒馆、餐厅，我现在也为很多酒店做室内设计。我设计的目的是将想住那间酒店的人们聚集到一起。

T：在Radio酒吧之前，是Maruhachi酒吧，没错吧？那个设计中，形式似乎完全超越了边界，舍弃了所有矫饰，看起来空无一物的地方，家具被"啪"地扔了进去。重要的商务人士可不会去那种地方，但一两个有共同嗜好的人则会聚集到那里，这都归功于杉本的设计——把酒吧打造成适合社交聚会的场所。于是，空间召唤着人们。很可能每个通过这个空间媒介进行交流、沟通的人都发自内心地信任这里。我们也相信，空间在选择人群，我们也开始着手打造那样的空间。

—

S：人可以创造空间，但空间却无法创造人。谈到设计的吸引力的话，某种程度上，设计已经被消费并毁灭了，室内设计尤其如此。许多人相信，只要雇一位知名设计师，就能够让产品大卖。建筑也变成了这样。

—

T：我结识杉本的时候，正值日本室内设计朝气蓬勃，我认为室内设计比建筑设计有趣得多。当时我感觉到的是，建筑设计中，有太多人隐身于大型组织和整个社会之后，却极少有人敢于反对危险的商业资本并与之抗衡。基于此，当时室内设计领域涌现出一个很有趣的理论流派。室内设计最有趣的一点在于，一个完全独立的个体——像堂吉诃德那样的孤独骑士，就能够反抗整个社会。那种独立性令人赞叹不已，给社会敲响了警钟。值得注意的一点是，日本社会往往认为这些独立个体多少有些古怪，但人们却适时地追随他们，显然，市场也向他们敞开了大门。

遗憾的是，就主要发展轨迹而言，建筑设计是相对保守的，因为它属于被固化的权威范畴。在这一范畴内，活跃着不少具有独立思想的人，杉本成功地将商业人士与非商业人士联结在一起。无论他们的才能如何，杉本一直敞开心胸，给予指引。鉴于此，我个人从杉本身上看到了这样的能力：如同作战一样，设计也要有战斗策略和协同作战、抗击敌人的能力。杉本，作为一个个体，一个独立的人，定是经由思考如何剖析文化找到了自己的创作道路。

—

S：许多探讨日本社会的专著称，日本社会就像一个群组系统。从某种意义上来说的确如此，但作为一个机构、一个系统，要说它还不错的话，其实漏洞百出。随便去一家企业看看，你就会明白我的意思。事实上，只有一小撮人在维持机构的运营，其他人什么都不做。然而，身为这样一个松散的集体中的一员，通常令人感到安心。实际上，正因为有如此松散的集体，才使得做某些特定的事情成为可能。在这样的集体中，有那么一些人，一步步地逐渐向独立的方向前行。至于这些特立独行的人，在某种程度上，他们已经得到了机构的尊重。据说，在日本，不在集体里的人都能被正视，但另一方面，也有许多显而易见的案例表明，事实并非如此。

另外，我的空间设计充斥着浓厚的日本传统观念。如今我作品的80%都在海外，不仅在亚洲，美国和欧洲也有，大概分布在20多个国家和地区，那些都是完整的设计项目。同时我也一直收到大量项目邀约，绝大多数都是亚洲国家，尤其以中国和韩国居多。要说为什么，大概是因为每个人都在我的作品中感知到了日本吧，而且他们感知到的并非观光客感受到的日本，而是一种日式的价值观，或者说是一些时至今日仍未向世界展示的、未向现代主义让步的元素。对追求它的人而言，当他们偶然碰到这些日式元素时，会感觉非常新鲜。因此，我们始终抱有一种意识，我们的设计是代表日本的，具有一种世界性的价值，我们必须将其教给现代的年轻人。日本在设计界的名声响亮，然而，目前在给学生们传道解惑的老师，他们的设计理念几乎全源自欧洲。我们这一代设计师，其中90%所做的不过是对欧洲设计进行重新包装，换汤不换药，甚至许多设计作品看起来都一个样。外国人没人欣赏这些。我们事务所创作的设计作品就不是那样，自然而然地，也就具有了价值。如何让这些价值被当代的年轻观众看到，我认为这是我设计的主要意图所在。然而，这的确是一项十分艰巨的任务，难道不是吗？

系列项目

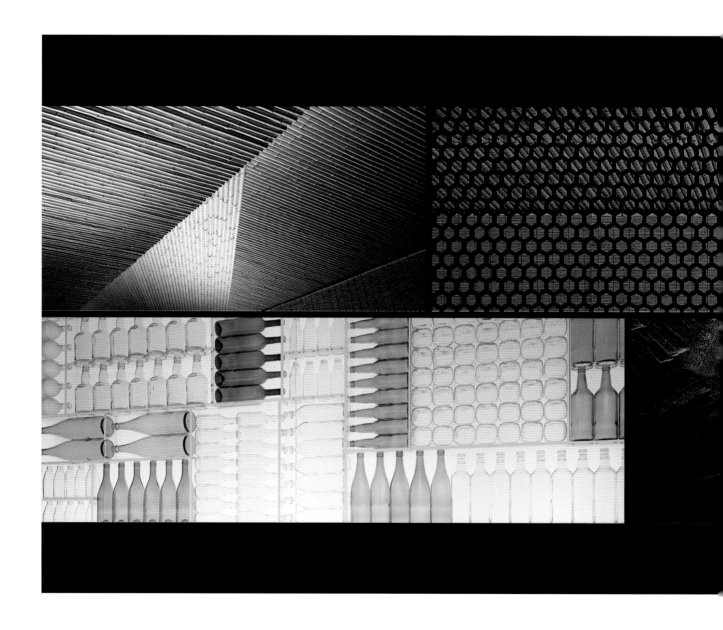

Shunju 餐厅赤坂店

餐厅 / 东京，赤坂 /1990 年

为刻意摒弃 20 世纪 80 年代末浮夸的室内装修风格，1990 年，杉本贵志为 Shunju 位于东京赤坂的第一家连锁餐厅打造了一个宁静的空间。杉本认为，90 年代将是一个由零散图像和碎片化信息主导的时代。为营造出具有辨识度、能让大众共享的图像空间，他选择大自然作为餐厅主题，因为生活在某个特定年代的人们都享有对自然的共同记忆。为兼顾空间的使用功能，杉本强调："对人类来说，品尝食物并不是简单的感官体验，而是对一段经验的记忆，其中囊括了经验发生的那个特定的时刻与周遭环境。"

为唤起感受及记忆，杉本在设计中运用了各式各样的材料，木、竹、纸、玻璃、金属、砖都被纳入进来。有些材料自带岁月侵蚀的痕迹，有些则与闪闪发光的崭新材料相映成趣。材料均保留了各自的独特性，又通过相互作用打造出具有重量及厚度的立体空间。极低的照明度，柔和、闪烁的烛光般的光勾起人们的回忆，同时也任由黑暗界定出不同空间。

餐厅原本便比地面低几个台阶，杉本利用这一点打造了一个坐在吧台前就能直视的花坛，与吧台面几乎等高，简约中透出自然感，一面被间接光源照亮的水泥墙划定出花坛的范围，花坛里种了些许植物，摆了一座经上千年形成的庵治花岗岩制作的雕塑。花坛与吧台间不同寻常的高低关系让顾客仿佛变成花坛的一部分，而非仅仅是个俯视的旁观者。

超级土豆召集了一批技艺高超的匠人锤炼所需的木材、瓷砖、岩块和金属。坚固的木制吧台呈现一种难度极高的本真风格，这项技术很少在装饰中使用，成品看似粗糙，实际上木材本身的光泽却经多道繁复工艺才得以显露出。技艺精湛的陶瓷艺术家创作出一整面芜菁图案的瓷砖壁画墙，看起来与画师用颜料在墙上绘制的无异。从英国一处废品站回收的铁网制造于 20 世纪初，网眼呈简单的几何形状，与层叠的竹条拼接的天花板、木板拼贴的墙面形成视觉冲击。在主要的座位区，长长的木制吧台旁仅放了 11 把椅子，用铁网分隔开，另一侧是类似茶室的更私密的空间，屋里的围炉，即凹陷下地面的一个火炉，是一大特色，用于烧炭取暖。

较为狭窄的空间和有限的座位营造出一种社区感，同时也成为该餐厅衰败的原因。尽管这家店仅维持了 4 年，但这个空间呈现的记忆及其传达出的时间延续之感仍不断出现在超级土豆后续设计的 Shunju 系列餐厅中。

左页图
竹子拼接的天花板界定出餐厅中的酒吧区，木制吧台边缘保留了自然的、不规则的起伏。顾客可以在这里眺望朴素宁静的花坛。

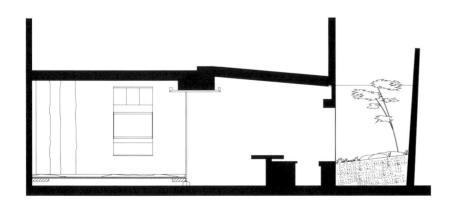

上图
通向入口处的台阶两侧的墙面用富有质感的木材和光滑的玻璃打造。不断延伸的石制地板引导顾客的视线穿过餐厅，定格在远处的花坛上。

下图
从剖面图能明显看出地面和天花板的位置关系，酒吧区的天花板略带倾斜的弧度，强化了花坛景观。

上图
餐厅入口可见到的花坛和毗邻的酒吧区，被带
孔金属屏与包间分隔开来。

下图
在凹凸不平的吧台表面和打磨光滑的座椅上，
光线似乎玩着跳跃的游戏。闪烁的柔光透过几
何孔状金属屏，从包间里透出来。

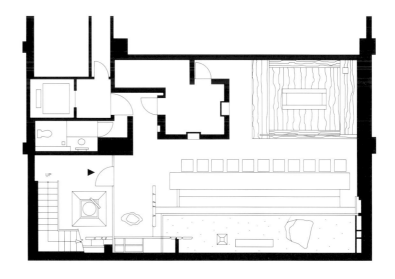

Shunju 餐厅溜池山王店

餐厅 / 东京，溜池山王 /2000 年

位于一栋商务楼 27 层的 Shunju 餐厅溜池山王店，可谓东京这个繁华城市中的一片宁静的绿洲。超级土豆利用建筑本身的 L-形楼层结构，打造了一个配备有大酒窖和雪茄休息室的独立酒吧区。精心抛光、打磨过的木制吧台还留有天然的不规则边缘，与酒吧区墙上的几何形粗砖形成强烈对照。舒适的座椅沿落地窗排开，供顾客一边俯瞰城市景观，一边消磨漫长的夜晚。

餐厅位于楼层转角，开放式厨房与转角呈 45 度，从入口处看，刚好处于视觉焦点的位置。除厨房区设置吊顶外，整个空间都任原始天花板裸露在外，只简单漆成黑色，散布着一束束小小的聚光灯。半开放座位区在厨房对角线方向，面对着餐厅墙面，靠近前侧的餐桌座位居于餐厅的两个几何空间之间。纵横交错的木制百叶窗隔板将餐桌划分为各个半开放的独立用餐区，每个区域可供 4-12 人用餐，客人们就座于木地板的蒲团上，低矮的餐桌两侧设计有可摆放腿脚的凹槽。百叶窗带来隔绝之感，却又能让顾客目及整个空间。厚厚的手工纸板悬挂在天花板上，用聚光灯从背面照亮，带来柔和的视觉感受，突显出每个独立用餐区。

餐厅远端，4.5 平方米的榻榻米茶室既私密又令人惊喜不已，精致的榻榻米与铜、钢的墙面并置。建筑墙体右拐角与榻榻米茶室之间倾斜的几何空间，被打造为一个以各类石料为主要装饰的私人花园，传递出设计师对大自然的态度。另一处留白介于该建筑原有几何空间及超级土豆刻意设计的几何空间之间，同样被设计为小花坛，摆放的巨大花岗岩未经打磨，表面留着源自采石场的开采痕迹。

入口处的墙面、光滑石制吧台面下方用来区隔开放式厨房和座位区的部分，同样采用了庞大、"未完成"的粗制花岗岩。岩石的粗糙纹理、显而易见的厚重感，与设计使用的其他材料彼此碰撞：餐厅入口和酒吧区，依类似法国传统农舍的砌法，按对角线组砌的形状规则的墙砖，闪闪发光的不锈钢厨房操作台，精巧脆弱的纸制灯罩，精细打磨的木制百叶窗隔断，手工打制的高品质巴厘椅，以及吧台里陈列的时令蔬果等食材。花岗岩是自然力量的象征，设计师更愿意人们将其视为单纯的物件，而不是人工雕塑。如此一来，花岗岩融入顾客的想象中，传达着设计师根植于自然、向大自然寻求灵感，以及舍弃高端时尚、追求简约质朴的设计理念。

右页图
木制桌椅等设施打造的空间构成了半开放用餐区的主体，厚实的实木桌面高出地面，纵横交错的木制百叶窗被用来区隔空间。

左页图
厚重的花岗岩支撑着雅致的玻璃展示柜，离地约两个台阶的高度，同时也连接着朝着开放式厨房的厚重石制吧台的末端。

上图
高而宽的木格栅打造出一片舒适空间，单独一张圆桌置于正中，顾客就座后背靠入口，可俯瞰城市景观，旁边是纹理丰富、有质感的砖墙。

下图
L 形空间被划分为酒吧和餐厅，两个功能区中间又包含三个独立区域：L 形一端的包间、靠近落地窗的餐桌区以及朝着开放式厨房的吧台座椅区。

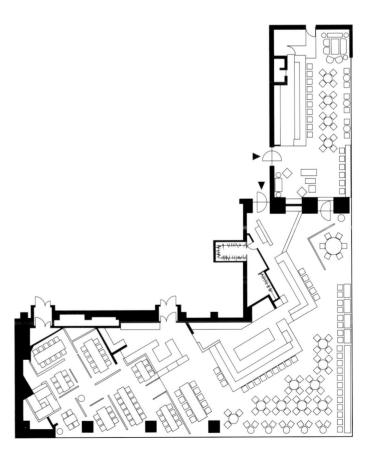

上图
木板条、手工纸、厚木板——用各种不同材质
打造的空间作为私密用餐区，并设计了长长的
木制餐桌和暖炕式隐藏座位。

上图
私人雪茄休息室设置在酒吧区一端，简单地用
玻璃隔断开来。重型家具、样式精致的砖墙与
轻盈的雪茄柜形成强烈反差。

跨页图
餐桌座椅巧妙利用了玻璃墙延伸开来的长视角。
抬高的吧台将顾客目光引向空间远处极富质感
的有各种图案的砖墙。

Kitchen Shunju 餐厅

餐厅／东京，新宿／2002 年

虽然身处东京新宿火车站和地铁站内的大型超市里，但复式结构的 Kitchen Shunju 餐厅仍然像花园蜿蜒小径上的一处宁静的休憩场所。与其他复式餐厅一样，Kitchen Shunju 没有窗户，即便位于 8 层，也无法看到新宿熙熙攘攘的商业区。为营造空间感与纵深感，超级土豆在餐厅内部设计出远近不同的景观。座位安排格局多变——有大桌、小桌、吧台及包间，为顾客提供多样的精致空间选择。原有的低矮天花板未经处理裸露在外，仅漆成明亮的浅色调，给餐厅整体空间以统一、连续之感。

设计师采用不同材料与处理方法打造空间区隔。在单人用餐区，木制隔墙与廊柱把每张餐桌围成独立空间，既保护了顾客隐私，又不至于与其他空间完全断绝联系。通体玻璃打制的控温酒窖被用作两个不同用餐区的半透明隔断墙。其他墙面均搭设了玻璃架和木架，分别摆放着满满当当的玻璃制品与各式陶瓷餐具。其中一整面墙的架子上放着装满果酒的巨大玻璃瓶，辅以剧场式的背光灯；另一面墙搭建起透明面板，堆着成千上万的干辣椒、意大利面和月桂树叶；还有一面墙则完全被玉米棒覆盖，玉米棒根根分明，有趣地突出了墙面。种种日常物品并未设计成精巧的样子示人，更像是图案和符号，让顾客有机会反思食物的来源及其在日本社会中扮演的角色。与此类似，一些座椅上铺着产自巴厘岛的织物，通过陈列令顾客更深入地思考织物的来源。超级土豆事务所亲自挑选出各种物美价廉的巴厘岛织物产品，与当地匠人合作，把织物切割成小方块，按相近颜色分类，再随机缝制起来，最终的成果表现出的是非凡的创造力，而不是所谓的高端时尚设计。这些作品自身透露出一种信息——一种令真正观察并思索家居装饰品的人能感受到的信息。如同座椅上的织物和玉米棒装饰的墙一样，餐厅整体及细节设计既严肃又有趣，让空间变得既平凡又非比寻常，既陌生又熟悉。

上图
Kitchen Shunju 采用不同建筑材料与图案来打造空间，从餐厅入口开始，带有水平纹理的粗糙石膏灰泥墙和半透明发光玻璃展示着不同材料与图案的碰撞。

右页图
一面长长的墙上摆满一排排玻璃杯和陶瓷餐具，按透明、由浅至深的色调排列，为 Kitchen Shunju 的开放空间打造出生动活跃的背景。

上图
一转身，便能望见那面布满玉米棒的墙。玉米墙两侧，一边是堆满小葫芦的木架墙，一边是摆满清酒瓶的高大玻璃柜，两者垂直而立，界定出一片用餐区。

中图
强光突出了墙面"人格分裂"的效果：一半布置成盛满玻璃器皿的玻璃架，另一半则是堆满陶瓷碗碟的木架。

下图
厨房部分空间开放为吧台座椅，沿餐厅其中一面墙一字排开，餐厅空间各处散落着大小不一、形状各异的餐桌。

右页图
布满玉米棒的墙面趣味横生，与极富纹理和质感的石板地面、疙疙瘩瘩的木制框架并置，构建出餐厅整个空间的视觉感。

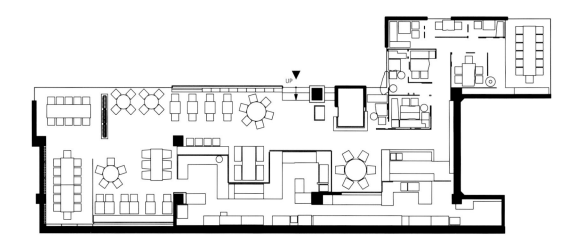

Shunju Tsugihagi 餐厅

餐厅 / 东京，日比谷 /2005 年

在东京市中心商业区一个办公大楼地下室的角落，Shunju 第七家门店 Tsugihagi 静待着客人光顾。杉本贵志试图捕捉到老市场里物物交换、货物杂乱的场面，尤其是其中呈现出的活跃与生动的影像。在他眼中，市场这个充斥着繁杂信息之地，正是交流的空间。Tsugihagi 餐厅被设计成一个供人们交流的场所，为一本正经的东京带来旧市场般的热闹喧嚣与复杂信息。

打开餐厅大门，仿佛进入了一个魔法世界。"tsugi-hagi"的意思是"缝缝补补"，整个空间给人的第一印象正是一个大型三维空间的拼凑物——好像一切能想到的材料的层层堆叠，但不知怎么地，它们都在餐厅里找到了各自的呈现方式。不同空间与视角相互重叠在结构丰富的碰撞组合中，充沛的能量、沉着而宁静的感观与复杂材料的拼贴、简洁朴素的物件共同定义了整个空间，显得光怪陆离，却不同凡响，同时又令人心生敬畏，赞叹不已。向前走，突然间，目光会被吸引到一面墙上，取材自印度尼西亚传统托拉贾长屋（Toraja longhouse）的木制墙壁精妙绝伦。透过金属屏风，玻璃瓶组成的发光墙面让人惊叹不已；长长的金色木板走廊似乎望不到头，就像一条抽象的花园小径，蜿蜒至茶室。

根据建筑本身的楼层结构，包间被塞在餐厅的边边角角，点缀稍许简单的装饰材料和柔和宁静的灯光，墙上或挂着层层叠叠的衣服，或堆满排列得并不十分整齐的书，变换出不同主题。除包间外，餐厅的其他空间都扭转 45 度，营造出一种紧张感，包括几个小包间、吧台和休息区、两个呈对角线排列的开放式厨房（一个寿司台和木炭烤架）以及中央的开放式座椅区。

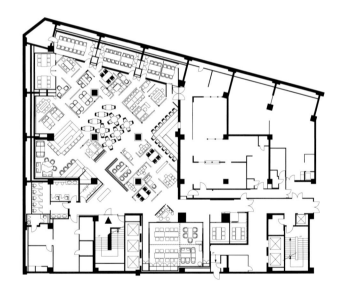

<u>上图</u>
向下延伸的楼梯将顾客引导至接待处，迷宫般的用餐区里，各式各样的座位布局一览无余。包间和服务区均分布于空间边缘。

<u>右页图</u>
店如其名，Tsugihagi 餐厅就是一个不同材料与形制拼贴成的作品。废旧金属和木料制成的隔墙为餐厅层叠不穷的空间带来了迷人的视觉体验。

　　设计师巧妙地分割出各式各样的空间。金属和木格栅式的天花板区分出某些特定功能区，抬高的地板则暗示着这一区域独立于其他空间。墙面和屏风均以多种材料制成：拼凑成的旧木板、回收的墙砖、废旧的金属、厚重的石块、深浅不一的红色拼贴画，以及粗糙的压花手工纸。灯光轻柔地在木格栅与层叠繁复的废旧金属间流动，玻璃隔墙被设计成街边栅栏的样式，晶莹剔透的丙烯板上装饰着各种形制的古代圆规，

这些圆规看起来仿佛悬浮在透明隔墙上。精心放置的各种小物件——旧陶罐、水晶吊灯、朴素的陶瓷碗及象征着人群聚集的圆木柱，均由剧场式的灯光加以突出，成为餐厅的景观。每一种材料、每一寸空间都传达着自己的信息，向观者讲述着它们的故事。一切均在这个包罗万象的Tsugihagi"拼凑作品"中实现了完整与统一。

左页图
Tsugihagi 餐厅刚开业，包间便被设计得如同一件
装置艺术，层层叠叠的各色衣物挂满墙面，还
陈列着身着设计师时装的人形模特。
.

上图
超级土豆事务所的设计师远赴印度尼西亚，寻
回传统托拉贾长屋的建筑材料，经过重组，在
Tsugihagi 餐厅里打造出一面充满记忆与历史之墙。

下图
回收的板条及木料被重新组合成隔墙，作为
天花板的装饰，用来区分矮餐桌与日式暖炕
座位区。

色彩缤纷、图案多变的压花手工纸悬挂在隔墙上，用来区分不同用餐空间。木条拼成的天花板从用餐区一直延伸到酒吧区。

左页下图
毗邻酒吧区的休息区，古董水晶吊灯投下柔和的光。划出休息区空间的墙面整体由旧书堆叠而成。

上图
尽管有繁复的图案和各种各样的物件，尤其是带孔屏风和不同材料的各式组合，用餐空间仍保留着宁静、舒适的本色。

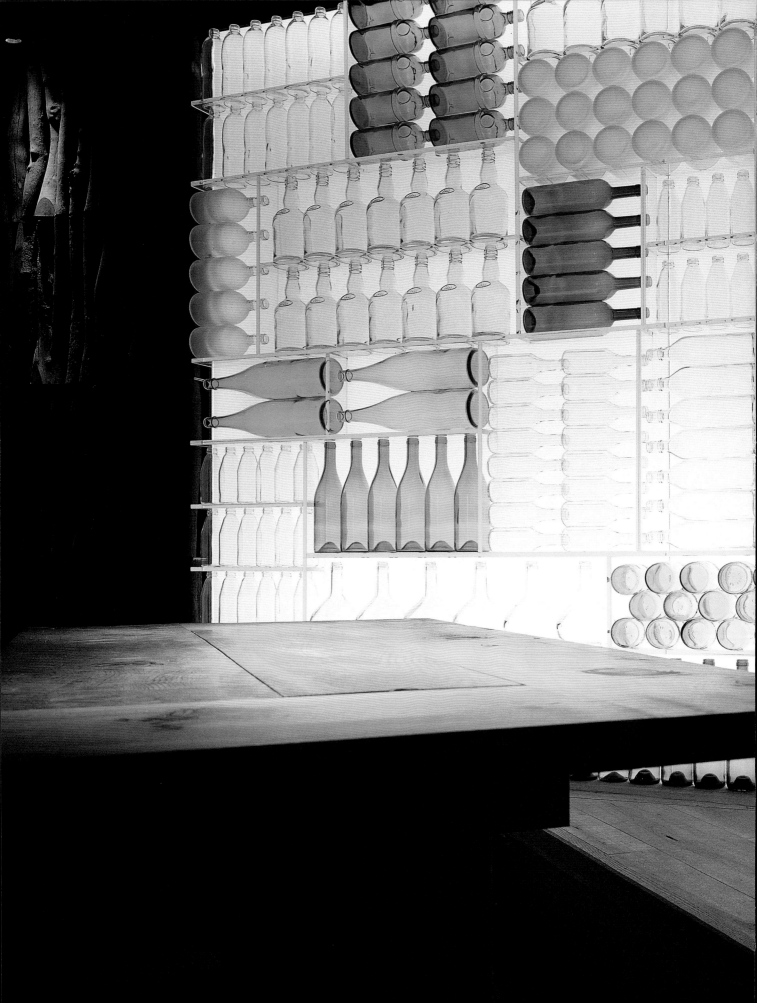

墙的一部分由无数根树枝垂直地拼接在一起,
旁边发光的另一部分由一组玻璃架构成,摆满
各种不同颜色与形状的玻璃瓶。

Shunsui 餐厅

餐厅、百货商场餐饮层 / 大阪，梅田 /2000 年

阪神百货位于大阪梅田车站附近，快速电梯转眼便将客人送至顶层——第10层，有7家著名的餐厅在这里开设了分店。走出电梯，首先映入眼帘的是一片开阔空间，光滑的石板地面点缀着圆石墩，其大小足够顾客就座休息。有的石墩经仔细打磨，有的还是粗糙的原态，与光滑的黑色石台形成鲜明对比。石台上刻有小圆孔，呈现出一副被高速旋转的水流侵蚀过的样子。空间四周用玻璃围挡，透明和半透明的条纹玻璃交替转换，水流轻柔地滑过玻璃表面，模糊了观者的视觉。从这个开阔的公共空间能直接看到远处各家餐厅，是设计的一大重点。

透明度的运用让顾客感觉整层楼是一个巨大的统一空间，从而衬得餐厅更小、更私密。

不像通常百货公司的餐饮层那样着意打造每家餐厅的入口，超级土豆事务所的目标是将楼层彻底翻新，营造出无限延伸的空间感，既呈现现代风格，又让顾客倍感亲切。杉本贵志将这个设计形容为"隐藏的日本"，他从传统日式设计风格中精心挑选设计元素，让空间不仅对上了年纪的顾客充满吸引力，现代感的加入也使这一空间符合年轻人的审美。

开阔空间的天花板正中心的灯光随一天中的时间变化自动调节亮度，酷似太阳的圆形照明灯从温暖的黄色渐渐变为清冷的蓝色。与宁静的氛围相对照的是楼层内热闹的餐厅，正如超级土豆事务所设计的Kitchen Shunsui餐厅一样，木地板和百叶窗隔断吸引着人们纷纷踏进这个充满暖意的地方。

上图
Shunsui 餐厅入口处，斑斓的色彩、粗砍而成的木头与精心打磨、抛过光的几何形石地板相映成趣。

右页图
天花板上引人注目的圆形灯凸显出开放公共空间。圆石墩、打磨光滑的石台与发光玻璃管形成鲜明对比，同时也供顾客休憩之用。

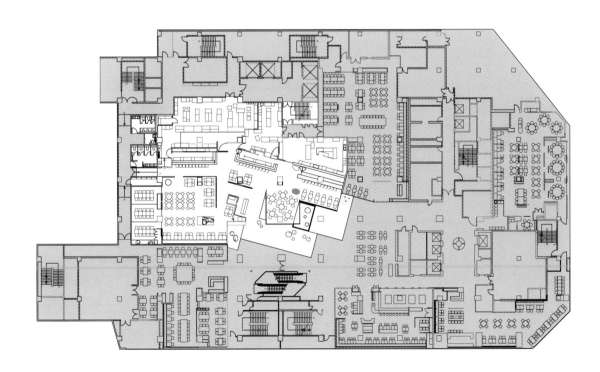

上图
厚实的木格栅勾勒出传统日式风格的用餐区的空间轮廓，低矮的木桌、传统暖炕式座位、坐垫也流露着浓浓的日式风情。

上图

黄色的木桌和天花板更衬出深色木椅和木格栅的厚重。中间是一张张巨大的木桌，能为人数较多的团体顾客提供用餐空间。

Shunkan 空间

百货商场餐饮层 / 东京，新宿 /2002 年

Shunkan 空间是一家生机勃勃的百货商场最上面的两层，位于熙熙攘攘的新宿车站旁。新宿车站是东京繁忙的火车站、地铁站。鉴于车站常年川流不息的人群，超级土豆事务所意将 Shunkan 设计为一处面向未来的空间，而非凝固在当下的某一点。借由两个餐饮楼层一以贯之的设计理念和装饰材料展现出的多元变化和能量，超级土豆的设计理念被拓展至更深的层次，甚至使这片区域的名称"Shunkan"都存在各种不同的含义：基于这一词的发音，它可以表示时间长河中的某个瞬间，也可以指季节的更替。

这个两层楼公共空间的总体设计以及 Kitchen Shunju 餐厅——22 家餐厅其中之一，均出自超级土豆事务所。杉本着意挑选出几位极富创造力、个性鲜明的室内设计师打造其余 21 家餐厅，以便在总体设计理念的大框架中保持各餐厅的特色。这个空间每层的设计理念各不相同，但都符合新宿的特征：第 7 层被定义为"新宿城"，活泼生动，仿佛一场街头庆典；相较之下，第 8 层则更安静、庄重，如同一条幽深的花园小径。

第 7 层的设计灵感源于人们在白天和黑夜漫步穿越新宿东区的感受。设计反映出新宿的历史，有热闹的商业街区和娱乐区，有阴暗和看似充满危险的后街，也有明亮和给人宾至如归之感的主街。这种光影变化的对比体现在有趣、时髦又与众不同的餐厅设计中，也体现在公共空间用回收材料制成的拼贴墙面上。生活在新宿区的人们及在此办公的公司回收废旧材料并再利用的举动，启发了设计师打造拼贴墙面的灵感。Shunkan 的整个空间里，各种材料被有序地组成不同图案展示在墙面上。一眼望去，各色物件似乎只是被摆放成各种图案，但细看便会发现它们原先的使用功能。有一面墙上满满覆盖着硬纸板，纸板被切割成条

上图
乘手扶电梯至第 7 层，头顶悬浮着的银河般的小吊灯布满整块天花板。右侧墙上满满地镶嵌着奇形怪状的塑料管，如迷宫般光怪陆离。

右页图
照明装置与光线的不同突出砖墙的纹理与图案的变化，两侧砖墙经精心设计，将顾客的目光引向第 8 层的公共空间。

状，随意地堆叠成波浪形并染成鲜红色，剧场式的照明设计增添了艺术效果。其余墙面有的用空玻璃瓶装饰，有的以机械零部件覆盖，还有的摆满透明丙烯板。作为新宿一处熙熙攘攘中的存在，从远处看，设计的各部分似乎均丧失了个性，联结、融合为某种全然特别的东西，但走近了细细品味，它们的特质与个性又呼之欲出。

第8层的设计理念在于结合小型传统居酒屋的建筑形制与新宿西区大型国际酒店、东京厅的恢宏气魄。杉本贵志将公共空间设想为一条花园小径，沿途驻足，便可迈入不同的餐厅就餐。他希望在设计中引入流水，但由于建筑本身将在10年后翻新重建，无法承载多余的重量，这一想法遂作罢。于是，杉本用玻璃和灯光取代，营造出流水的感觉。在石、砖、玻璃打造的墙体之间，一条小路蜿蜒开来，被纸灯笼和壁龛中蜡烛般微弱闪烁的小电灯照亮，影影绰绰。巨大的粗糙的石块散布于整个空间中，保留着开采时的痕迹。石块的坚硬与墙面的平滑、纸灯笼的脆弱易破形成质感上的鲜明对比，呈现出许多惊喜与有待发掘的元素，如同漫步花园小径，一瞥之间，蓦然发现一块美丽的原石。

跨页图

日常材料的巧妙组合。如图所示，橡皮管紧紧盘绕、堆叠在一起，漆成均匀的灰色，是整个7层最大的视觉惊喜。

下图

第7层的公共空间（上方平面图）被设计为一个循环回路，而第8层的公共空间（下方平面图）则构思为一条蜿蜒的花园小径。

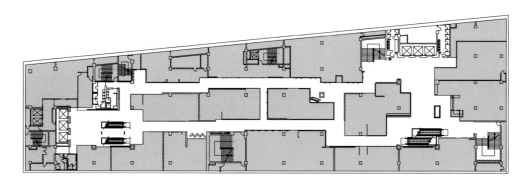

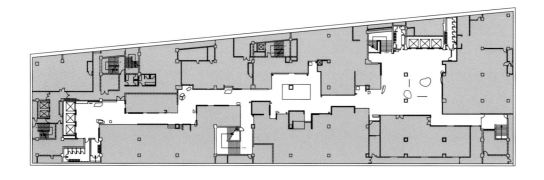

跨页图

旧机器的零部件包括量规、输气管、箱罩、管道，均被涂成铁灰色，营造出一种意想不到的空间效果，展现出它们被使用过的历史与所承载的丰富信息。

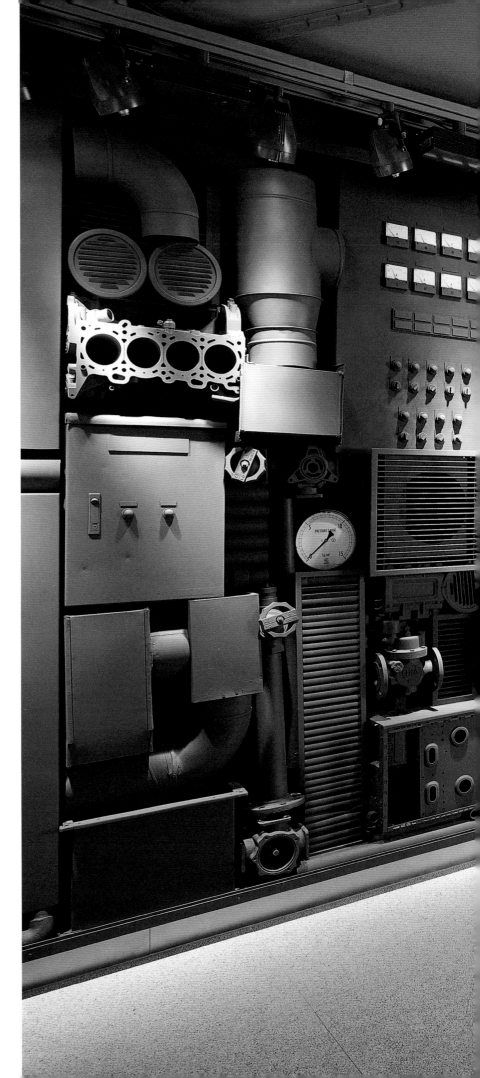

无印良品青山店

零售店 / 东京，青山 /1983 年

无印良品的经营理念始于 20 世纪 80 年代初石油危机时期。当时，日本国内民众开始拒绝在某些特定东西上花钱，但消费愿望仍然没有熄灭。无印良品的品牌理念由田中一光、小池一子和杉本贵志三位设计师共同构思，几经发展，逐渐打造出其精心设计又实用的家居品牌形象，以合理价格贩售高品质的日常用品。就这样，简单的、再寻常不过的标签和包装反而变成这个"无品牌"的品牌标志。简约却不牺牲品质的态度、用心设计的包装和经深思熟虑打造的广告一下子抓住了日本民众的眼球。在很短时间内，无印良品迅速壮大并扩张，最初仅有三四十件商品，如包装食品、办公用品和T恤，西武百货内也只有几个展示货架，后来，无印良品的发展远超出其第一个"家"的规模，并开始孕育独立零售店。

第一家无印良品零售店位于东京市中心的青山区，人潮川流不息。这家店并非被简单地设计为精品店，而是一处考虑周详、具有整体设计风格的生活方式商店。在那个超市、精品店、夜店各自有鲜明设计风格的年代，无印良品首家零售店显得与众不同。杉本贵志的设计初衷并非单纯地打造一处漂亮的购物场所，而是试图创造一处既融合了大自然，又能反映生动活泼的乡间集市风貌的空间——温暖的、朴素的、不注重商品特异性的所在。同样的货架可摆放食物或服饰，一旦商品被挪走，该空间同样可被转用作酒吧或精品店。

上图
无印良品首家零售店的原始的褪色外墙突显着无印良品的品牌特色。临街的落地弧面玻璃后均悬挂着自行车。

左页图
裸露的水泥建筑框架漆成了白色。木架高矮不一，木地板也由长短不一的木材纵横交错地拼接在一起，突出了天花板的空间。

无印良品青山店的建筑外观突出了不同材质的纹理和质感：用厚砂浆和砖砌成的外墙、光滑的曲面双高玻璃和粗锯木板相互碰撞，形成视觉冲突。上下两层店铺空间的设计有些许不同。一层的空间相当开放，用粗石柱支撑。石柱既支撑了沉重的石梁，又与巨大的玻璃橱窗形成鲜明对比，数十件T恤、裤子和裙子从石梁上悬挂下来。裸露的天花板漆成浅色，让空间整体感觉更为开阔。二层则给人以拥挤的乡间集市之感，摆放着满满当当的木架和塞满商品的编织筐。最初，杉本还设计了一个小型咖啡吧台，但店铺翻新重装时被去除了。原本的咖啡吧台如今摆放着金属架，堆满无印良品商品。现今无印良品已拥有超过2000种产品，全球的无印良品零售店和专营店的总数已超过300家。

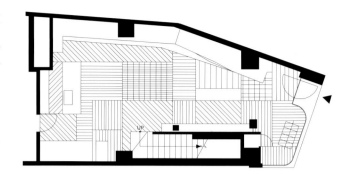

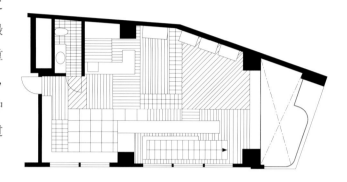

上图
入口处的玻璃外墙向内延伸（上方平面图），向双层店铺空间敞开。楼梯从空间正中央开始往前倾斜而上。

下图
尽管堆满了林林总总的各色商品，一层却通过整体色调达致统一——无印良品标志性纸板的棕色出现在所有标签和纸管架上。

右页图
一部分地面和墙体分别铺设大小不一的两种墙砖，与店铺的建筑外砖墙相映成趣。厚实的木架上陈列的商品琳琅满目。

无印良品青山三丁目店

零售店／东京，青山／1993 年

位于东京潮流街区青山三丁目的无印良品零售店，其入口简单地标识着由 "MUJI" 四个字母组成的公司标志。一进门，高高的透亮玻璃板上用白漆反复写满 "MUJI" 四个字母，轻描淡写地昭示着公司经营简约而设计精良的高品质商品的初衷。石板地面从店外一直延伸到店内，有一个稍微抬高的平台，顾客须下几级台阶方能进入店内。光滑的石阶表面先是变换成年代久远、历经沧桑的金属地面，然后又转变为深浅不一的棕色木地板，散发着阵阵暖意。这种材质及色调的转换并不仅限于地面，而是延展至所有平面，贯穿了从入口到最内部的整个店铺空间。

店铺进门处装饰得仿若画廊，粗糙和光滑的金属板交替拼成壁龛，由精心设计的灯光照亮，空间正中极巧妙地放置了一张圆形木桌，用来展示商品，吸引人们的注意力。开阔的平层让空间变得有流动感，商品被仔细地码放在桌子、货架或收纳器皿中。超级土豆事务所在设计时力图展示每一样东西，因此，从作为建筑材料的水泥框架到通风管道、照明线路，均暴露在外。裸露的建筑材料和管道系统注定赋予空间能量，而各种不同材料的巧妙组合与运用，更传递着彼此的讯息，让人有机会深入思考它们的意义。

废旧材料展现着它们漫长的一生，并与新材料组合并置。经年累月的使用令回收的废旧木板"伤痕累累"，凹凸不平，与崭新的、打磨光滑的木架一起覆盖住整面墙。另一面裸露的水泥墙则由闪亮的金属架装饰，形成材质上的对比。水泥墙面延伸至转角处，突出背光半透明玻璃板。从老旧木结构建筑上取下的沉重的木梁占据了店铺的中心，且支撑着厚实的木架，放满了人们能想到的各色商品。

尽管空间填满了各种各样形状不一的材料，且这些材料的色调、质感、纹理均差异很大，但空间给人的整体感觉仍宁静而和谐。

上图
粉刷过的金属板和货架带来轻盈感，与厚重的深色木地板形成对比。无印良品自产的置物架有木制和金属两种，均被用来陈列商品。

右页图
从石板到金属板再到木地板，无印良品青山三丁目店进门处的地板材质不断变化，同时，墙面的纹理在剧场式的光线中得以彰显。

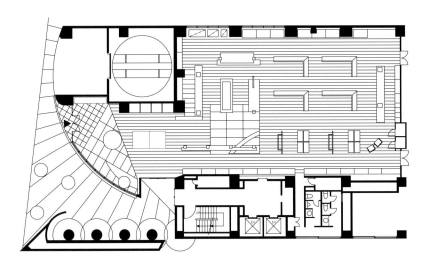

上图
显露着经年使用痕迹的古旧木板被制成长条形收银台，可以看见横纵交错的拼接的纹理。

下图
从入口处的石板和金属板地面开始，地面材质不断变化，从弧形玻璃外墙（左边远端），到同向排列的木地板。

右页图
店铺空间正中，厚重的废旧木梁，支撑着宽宽的木架，上面堆满玻璃器皿。

"无印良品的未来"展览

展览 / 米兰、东京 /2003 年

无印良品首次在世界舞台上表达其设计理念、展示彰显着其所倡导的生活方式的产品，是在意大利米兰的一间旧钢厂。展览取名为"无印良品的未来"，主要介绍无印良品的产品，既包括单个的产品，也包括产品背后品牌倡导的生活方式，由此阐明无印良品如何适应未来的生活方式潮流。无印良品在日本举办的第一个类似的展览是在意大利展览之后，由东京MA画廊主办，简单地取名为"无印良品"。

米兰展览上，狭长展览空间的两面主墙上陈列着无印良品的产品，分门别类，并附有简短的介绍。7 种过滤器、3 种研磨机、5 种尺寸不一的餐碟、1 个电饭煲、1 台冰箱，还有各种笔记本、签字笔、服饰和 1 辆自行车——像画廊的陈列形式一样，这些林林总总的物件悬挂在墙面上，着意强调了它们的设计感而非功能性。在黑、灰、蓝三种色调巧妙的变化中，巨幅地平线照片——用作无印良品广告的概念图片填补着产品之间的空白墙面。地平线的无限绵延代表了即将到来的未来——清晰与模糊同时呈现于广袤与质朴之中。

东京的展览空间则包括一处露天画廊，狭长的地平线照片从室外延伸至室内画廊的下层。和米兰展览一样，画廊下层的整个空间陈列的无印良品产品，既是艺术品，也是兼具使用功能的日常物品。各种产品被挂在墙上，或从天花板垂挂下来，夹克、衬衫、吊灯、塑料瓶，甚至自行车，一切皆处于悬浮状态，它们明确的实用性中暗含着设计之美，而功能性的光芒

在这种简单、纯粹的美的照耀下黯然失色。

画廊上层，无印良品搭设了一间样板间，陈设的皆为设计线条干净利落的高品质日常用品，旨在唤起人们对这种生活方式的记忆。每个物件，无论是长方形的白色浴缸，还是带水槽和电炉灶的简洁灰色操作桌，彼此搭配和谐，单独看起来又美得不可方物。

为米兰展览专程制作的展览手册着意突出了展览中用到的地平线照片，这种追求质朴的态度与数位知名设计师对无印良品的简短评介相互交叠。建筑师安藤忠雄这样评价："无印良品简洁明快的设计风格昭示着日式传统美学，通过彻底摒弃一切无价值的烦琐装饰，追求永恒的质朴。"当然，两次展览无疑清晰地表明了那种追求质朴的态度，且只利用照片和无印良品产品启发人们对于未来的想象。在无印良品及其设计师眼中，那是一个功能和样式浑然一体、本质的美得以显现的未来。

右页图
巨幅照片上，平缓的地平线绵延开来。这张照片被无印良品用作广告图，从露天画廊区延伸到了室内画廊的下层。

跨页图
无印良品的一些产品被用极细的钢丝拴住,从
天花板悬挂下来,另一些被小心地装裱在墙面
上。如此一来,画廊下层的展示商品均成为悬
浮的艺术品。
.

上图
MA 画廊上层被设计成公寓样板间,里面摆放的
全是无印良品生产的家具、厨具和生活用品,
向观众阐释无印良品所倡导的生活方式。
.

下图
一张厨房操作桌的模型,配备水槽和其他厨房
用品,代表了无印良品的品牌态度——为人们
提供简洁而设计精良的多功能日常用品。

Ryurei 茶室

可移动茶室 / 1992 年

第一次着手为茶道打造仪式空间，杉本贵志从他长年的茶道实践经验中获取灵感，同时将自己对材料的本质之美的信念融入其中。杉本运用简单的形式，通过工业残料及其他废旧回收材料来表现空间的丰富性。所有材料表面不经任何打磨改造，保留其原始的岁月和使用痕迹，这是一种杉本称之为"信息"的东西——是与过去的紧密联系，人们能从中发现历史，触发回忆。

由于需满足茶道的表演功能，设计中引入了一张桌子、一条长凳，地板没有像通常茶室那样采用传统榻榻米垫，整体形制隐藏于设计之中，界线毫不分明。空间的氛围通过不同形式及不同材料的组合营造出来。金属隔墙的一半用抛光金属板制成，另一半则用锈蚀的小铁片拼接而成，用来标识茶室的内侧边界。一块巨大的方形木板稍稍悬空于地面，代表茶室的前侧边界，木板原先属于一栋古老农舍。结实的厚铜板被用作桌面，上面开一小孔放置炭盆，沏茶时用来烧水。细细的金属电缆打造的精致屏风，从天花板垂直延伸至地面，让空间的纹理和质感更为丰富，看上去既像飘浮于空中，又像是随时准备落地。

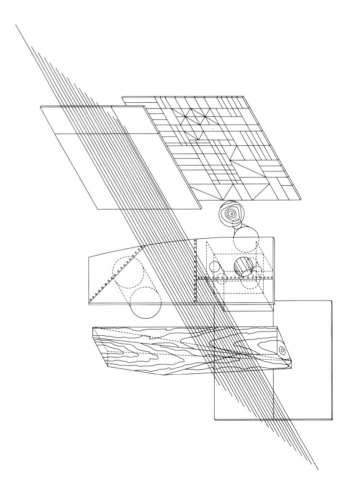

上图
从拆解开来的 Ryurei 设计轴测图可以看出，设计强调了不同部分的独立特点，组合起来又形成茶室整体的统一空间。

右页图
茶室正中心放置一张铜桌和一条沉重的木凳，整体空间由坚固而富有意味的材料形成的平面构成，比如前侧的垂直电缆杆及其后的金属隔墙。

Komatori 茶室

可移动茶室/1993 年

Komatori 茶室并非为某个特殊场合着意打造，其设计初衷是"可移动"，墙面可拆分为小块，便于装箱运输。因此，这个茶室并没有一个固定的地点。杉本贵志的设计理念是：无论茶室在何处被组装起来，都能与周遭环境相得益彰。杉本选择废旧金属作为主要材料，原因在于金属能被塑造成许多不同形态，其表面留下的使用痕迹更暗藏着与历史、记忆的关联。杉本专程拜访了一家采用电脑操作的激光器工厂，将金属板精密地切割成各种形状，同时在一部分金属板上钻出排列规则的孔，再去除孔眼里的金属片，形成有趣的图案。在一位钢铁工人的协助下，杉本赋予了一堆废旧金属新的形态。经过必要的加固，他们将切割剩下的金属片组合拼贴成屏风和坚固的钢板，屏风上具有神秘感的灯光及其本身恰到好处的通透度共同定义了茶室的边界。

茶室分两部分：入口和品茶室。入口处的地面采用粗糙金属板，做成了一级矮矮的台阶，过渡到品茶室。在入口和品茶室之间，由金属屏风墙围成的开放空间呈正方形，宽约一米，其灵感直接取自传统日本茶室入口采用的低矮小门。杉本设计的茶室可谓对传统的抽象处理。通常来说，茶室的天花板高度不一，但 Komatori 却完全不存在天花板。在原本作装饰用的起居室壁龛的位置，杉本在实心金属墙板上悬挂了一束插花。与透光的纸糊屏风不同，加固金属墙过滤了光线，同时也改变了观者的视野。杉本还以一块向冈

山手工艺人专门定制的大草席替换了严密几何形状的榻榻米地板。通过巧妙地从传统中汲取养分，加之以精心重构的废旧工业材料，营造出一个既克制又朴素的复杂空间。

上图
日本传统茶道仪式使用的器皿被放置在空间一角，整个品茶室由粗糙的编织草席和废旧金属屏共同打造而成。

左页图
透过金属屏，跳跃的光影点缀着 Komatori 茶室的的开放空间，引导顾客从入口走入品茶室，取代了传统茶室的花园小径。

茶器

Hikari 茶盂 /2000 年，Touboe 茶盂 / 时间不详

Hikari 茶盂（夹层玻璃制成）

为突显传统茶道仪式空间的幽暗，杉本贵志设计了一个玻璃茶盂，同时可作为照明装置。这个茶盂采用最新科技，将一层特制的纸砌合进三层压铸玻璃之中。当有微弱电流通过时，夹层中的纸便发出光亮，玻璃也跟着柔和地闪烁。

漆黑的木盖突出了茶盂发光的四壁，边缘和方角的尖锐与玻璃的朦胧形成强烈的对比。茶盂厚实的四壁向下微微呈锥形，突出了开口处完美的正方形。

Touboe 茶盂（废旧钢材制成）

"Touboe"的意思是"狗的哀号"，是一个流露着孤独、形状不规则的粗制茶盂。Touboe 的材质取自一个古老的灭火器，从一堆破铜烂铁中回收而来。茶盂不规则的形状恰恰突出顶端正圆形开口的空间，简洁的木盖位置比容器口稍低，刚好盖住容器口，既保持着其原本纯粹的完美几何形状，又彰显出周遭厚实的金属力量。

茶盂里侧用深色漆层层涂抹，光滑可鉴。漆层既能有效避免金属与水接触，又能折射其光滑表面的光线，令其看上去如同光在水中反复折射一般。光滑涂层与粗制金属表面对比，为该设计增添了一份意想不到的惊喜。

左页图
黑色木盖完美的几何形突出了 Hikari 茶盂的形状，
光滑的表面又突出了半透明夹层玻璃内透出的
光辉。

.

下图
看似有机形态的粗制 Touboe 茶盂取材自各种回收
的金属片，与完美的圆形木盖形成对比。

对谈 2：原研哉与杉本贵志

[2005 年 3 月 16 日，超级土豆事务所]

—

米拉·洛克（以下简称 M）：那我们先从探讨一个比较宏观、具有野心的话题开始吧：什么是设计？

原研哉（以下简称 H）：您的意思是从最难的问题谈起吧？事实上，一切事物，或者说每个物件，都是经过设计的。设计正是这样一种意识，难道不是吗？我认为，设计就是持续思考每样日常用品的多样性，举例来说，一张桌子。一张桌子是什么？一把椅子是什么？一个杯子又是什么？在能够真正理解这些简单问题之前，我们必须不断这么问自己。通常来说，我们并不会以某种革新、创造性地方式来思考一张桌子是什么、一部电话是什么或一件衣服是什么。然而，保持这种持续发问与思考便是设计。我是这么理解的。

—

杉本贵志（以下简称 S）：一般而言，谈起"什么是设计"这个问题，人们总觉得原研哉肯定会说出类似"设计就是交流"的话来。曾经有一段时期，设计被认为是一种美学，也有一段时期被视为一门技术。虽说这些理念并非全然错误，但纵观历史上的不同时期，你自身的确代表了"设计就是交流"这一信条。

—

H：我的专长是交流，然而，设计这一概念并不仅仅局限于交流。在设计沦为消费品的表象之下，我们

在设法利用这一点。也就是说，我们利用设计来达成某个特定目标，即便有时人们并没有意识到这一点，但只要有如此举动，便说明人们开始理解某件事情，或者说他们开始聚集到某些特定的地点，购买某些特定的产品，于是就产生了一种力量。这种力量能明确传递出人们的反馈，而我则一直在深思这种力量的奥秘所在。

—

S：从某种意义上说，对于交流这个概念，我们必须重新审视。比如说，世界上有许多不同的百货商场，每家百货商场正是在与其自身的交流中获得了如今呈现出的最佳形式。然而，谈及一家百货商场的空间时，我们通常称之为"商业空间"。您提的这个问题"什么是设计"，于我们而言，比较接近"什么是商业空间"。抛开"空间"这个概念不谈的话，问题就变成了"什么是商业"，这相当有趣。成书于公元 3 世纪的非常著名的《魏志倭人传》[1] 里描绘了当时日本的集市。《魏志倭人传》被史学界认为是文字记载日本商业的第一书，在那之后，关于日本商业及市场面貌的描绘经常见诸画卷及其他史料。后来，大约在公元 8 世纪，对商业的描述逐渐演变为一种类似演讲的固定形式。就市场而言，交易不过是其中的一小部分，交流才是核心。举个例子，人们经常会在古代的集市或者说市场上进行类似宗教集会、戏剧表演、疾病诊疗等活动，也会彼此间探讨史前时期的历史，商业其实只占集市

活动的一小部分。在货币经济尚未普及的年代，人们通常采用物物交换的形式，通过以物易物，开始渐渐拥有丰富的货品。当时面临的挑战是农业，然而，农业并不是令日本繁荣昌盛的原因。通过农产品的买卖交易，交换出现了，而通过交换和交流，人们的思想开始进步。因此，就这个特定意义而言，交换是社会趋势与运动的催化剂。

三越百货（Mitsukoshi Department Store）的出现是日本商业的巨大转折点。日本明治三十年（1897年），三越干货店发表公告，宣布成立日本第一家百货商店。同年，日本的工业产品贸易值首度超越农产品，位居第一，这标志着能被称为现代城市市民的日本国民人数开始增加。

就这样，在时代似乎即将向前演进之时，商业逐步成长为一股强大的力量。在我看来，从这个特定意义上来说，设计理应在其中占据非常重要的地位——它就像交流时的润滑油。但是，如今商业渐渐式微，虽然货物仍在买卖，但设计却被忽略了，一旦任其发展下去，它们便不能再占有市场。因此，为了出售商品，就必须有一个诱因，这也是设计的作用之一。有人认为，销售与设计似乎达成了一种共识，要是单看品牌的销售意图之类因素的话，很可能的确如此——刺激消费已经成为设计美学的同义词。但时至今日，设计美学正努力谋求改变。我们将注意力瞄准了下一个时代，什么类型的东西将在下一个时代成为必需呢？这正是先锋设计所关注的，没错吧？

再举个例子。沿着楼梯一路走到这间办公室，你会路过一根木制梁柱，那其实是褐煤，一种化石，它可以说是一件未受20世纪以前的任何美学影响，也未被任何19世纪以前的交流模式左右的物品。畅销品对我来说毫无乐趣可言，我不愿人们把设计等同于畅销。我猜想，这是一种反转现象吧，但是我真心希望，商品除畅销以外，能拥有其他价值。原研哉本人也是一名战斗在先锋设计前沿的设计师，我认为，看他如何组织架构自己挑选出的东西，从而突显其价值，这一点非常重要。

—

H：杉本提到的这点，我在《设计中的设计》一书中有所阐述。我始终认为，设计就是"欲望的教育"。结合我们刚才探讨过的有关经济与市场的问题，新的未知的事物仍不时出现在我们眼前，而当一个人开始意识到面对自己之前并不知晓的事物时，他的感知、感官就会被唤起，想拥有一种更有趣的生活方式，这便是某种具有活力的、理应能开创市场或刺激经济的东西。我们已经开始思考这样一个问题，即如何能创造出人们开始下一种生活方式时所渴望拥有的东西。这绝不仅仅关乎百货商场卖什么，而是必须刺激或引导一种更新的欲望。这才是设计大展拳脚的领域。

设计与文化紧密相连。如今，我们生活在一个全球化的时代，但是文化，就其根本而言，仍是一种地方性现象。正因如此，思考如何在地方市场中建立起一种消费欲望的标准，与"欲望的教育"同等重要。我认为，探究未来的设计正是探讨这一最本质的问题。这可不像是把化学肥料撒向田里，以期来年硕果累累，而是要确保每年都能持续不断地收获高品质的农作物。要达成这一目标，就需要对基础农田进行恰到好处的管理和培育。那么，假如人们有意识地对每天接触、使用到东西进行思考的话，设计工作便会成为一项极为有效的资源，我是这么认为的。比如，无印良品的产品（也就是无印良品零售店里的商品），它们并不是什么昂贵的名牌商品，但如今许多日本人希望能购买到这样简单朴素但品质高的东西，就国外市场而言——这种审美意识会形成一种购买力。产品的独特性使其本身能拥有影响力。

设计师存在的另一层作用是赋予产品形制。那么，就眼下而言，掌控产品外形这一态度正在设计师中蔓延。然而，也有的设计师仍秉持着深入理解整个行业的态度。对交流而言，意识到设计必须开阔视野至关重要。

—

M：交流这一概念在您二位的设计工作中都处于最

根本的重要位置，自然的理念同样如此。我发现，自然在现代生活中所扮演的角色在二位的设计方法里都处于一个重要位置。那么，杉本先生，您是如何认识这个问题的呢？

—

S：我们经手的项目可以归为空间设计流派。在这种情况下，自然——或者说自然的元素，从广义上说，并不总是和谐相处。我通常是在物质性或景观的意义上来运用自然元素，它是我们室内设计案例中的一个不可或缺的元素。用住宅来举例说明的话，想象一下300或400年前的民宅，当时东京或者京都的城市面貌，还有乡村景观，我认为都相当具有吸引力。这并不代表那时的人们对形制的感觉更胜一筹，或者他们具备非凡的创造力。很可能他们的想象力和技术水平都限于一个特定范围内，但生活方式却更适应、更贴近自然。随着慢慢定居下来，人们渐渐萌生了不同的思想和理念，生产技术也传播开来，因此，每个独立个体的想象力、创造力水平得以提升。食物取材范围更广，服饰种类增加，人们开始使用各种各样的家具。如果某个元素变得越来越复杂，那么房子便失去了原本的吸引力。如此说来，现在正是最糟糕的时候，不是吗？日本最大的房地产公司的销售额超10亿日元，

每年新增200名职员，且都是应届大学毕业生。在今天的日本，这种规模的公司非常罕见。为招募新员工，公司经理曾去过我执教的大学，当时我们在一起聊天，我突发奇想，问其中一位经理："从这儿看过去能看见许多房子，哪些是你们公司的呢？"他回答不上来。要知道，这可是日本顶尖的房地产公司，但他们的经理却不知道哪些是公司的产品。这无疑是一个问题。啤酒公司的经理能明确知道自己的产品，服装公司的很可能也可以做到，所以这个要求对房地产公司的经理来说并不过分吧。这便是身为先驱工业中的某些行业可能出现的问题。就在前几天，我恰好与那家房地产公司的董事长一起用餐，我提到前面的对话。他意识到我与无印良品的关系，语带责备地评价了他参观无印良品有乐町店的感受，他说："如果无印良品真如杉本先生说得那样好的话，为什么我在无印屋（MUJI HOUSE）里并没感受到呢？"我想，这是他真实的心声。很可能，他没有真正理解无印良品。材料、科技、尺寸、成本——他只看到了这些东西，若往下深入挖掘，便会发现不一样的信息。这是我今天最想探讨的话题。归根结底，我们的生活由许多事情构成。今天的日本只是让事物极度地物质化。在维持生存的同时，我们还必须意识到有一种我们称之为"有价值的东西"

第 106 页图
享誉世界的平面设计师原研哉。他运营管理着自己的原设计事务所，同时兼任无印良品公司董事，任教于武藏野美术大学。

第 107 页图
Be-in 咖啡馆的上层被设计为一个抽象空间，多层次的平面均漆成白色，墙面则用石墨画出各种形状的图案。

下图
一面放满玻璃罐的墙，罐子里盛着五颜六色的果酒，前方石板地面上放置的便是 Kitchen Shunju 餐厅银座店的接待桌。一眼望去，所有台阶及附近餐区的吧台似乎都用了同样的石板。

存在。可惜，这种意识如今似乎突然消失了。

嗯，有一幅画，是日本国宝级的画作，名为"在葫芦架下享受夜晚的清凉"（Yugao tana noryozu），是一幅绘于折叠屏风上的水墨画，描绘的是一对夫妇和一个小孩在葫芦架下享受夜晚的凉爽。这幅画在日本民间非常流行。整个画面十分令人愉悦，绘画技巧也相当高超，如果仔细观赏，你甚至会流下泪来。生活在过去，你会对画中所描绘的那种生活方式感同身受——这种生活凝结着普通百姓的喜好，这种价值是画的核心。这一点和现在截然不同。如今，品牌货才是核心。因此，当你注视房地产公司销售的住宅时，看不到任何核心的价值，这与看画时的感受简直不可同日而语。

回到前面讨论的话题上来——什么是交流，交流主要不是针对已经被创造出来的物理形态的产品，而是针对某种即将成形的东西。在无印良品店里，你会发现设计的焦点有些朝这个方向前进。无印良品店里的空间并不是有多么富丽堂皇或是天花板挑高有多高，或是入口装饰有多华丽壮观，都不是，而是关注当你处在这样的屋子里时，你的感受如何——这才是关键。我认为这一点非常重要。

—

H：设计过程中，设计师往往会借鉴某种东西的形态或某些特殊的颜色，许多设计作品呈现的形制或色彩确实都令我们震惊不已。但从另一方面来说，设计又不仅限于此，设计作为一种"感知的方式"同样有章可循。杉本刚才解释了"自然"这个概念，自然是土壤、海洋、大地，自然与人类息息相关，人类本身就是自然的一部分。人类的感觉有着非常精细的灵敏度。在我们所能感知的范围内，仍有太多未经开发的领域。在深入探索人类感知方式的过程中，或许能发现那些类似未被发现的美洲大陆。换句话说，至今为止，设计过程仍停留在令外部世界感到惊讶的关注点上，没有认真审视人类的内在与天性，如今，对"如何让人感知到"这一问题的思考仍属于交流的范畴。看看杉本贵志手中呈现出的空间，我认为，他的设计

目标正是朝着这个方向前进。他的那些空间里没有出人意料的形制，可能就只是一块石头，一块承载着丰富信息的卓越、非凡的石头。

不久前，我与杉本一同去了巴厘岛。在那之前，我已经15年没有去过巴厘岛了，那儿修建了许多大型度假酒店。可杉本却说："原啊，既然你在这些度假酒店里感受不到丝毫乐趣的话，我们就去住一家旧式旅店吧。"然后，他将我带到一家旅店，是位于一大片土地上的几栋传统小木屋。那儿有铺石子的小径，每个人都赤脚在上面漫步，由于人走得太多、太频繁，小径的石头已经被磨平了。我当时心想，这该是一种多么愉悦的感受呀，这条小路上承载了多少信息呀！假如我将这些信息统统输入电脑的话，电脑恐怕立即就死机了吧。当面对那种充斥着海量信息的情景时，人的大脑估计也与电脑一样。有时候，一个人会突然意识到这一点。如今，我们身处的这个时代，据说是一个信息爆炸的时代，事实却完全不是这样。这是一个碎片化的时代，那些看似破碎的信息经由各种媒介，大量地、随机地飘浮在空气中，但信息的实质却是有限的。

想想看人们过去的生活方式。一旦你进入一个房间，大脑和各个感官便被卷入房间充斥的海量信息中，如同身处一个充满了信息的世界中，从而获得感官上的愉悦。今天建造的房子可能压根没有考虑过这些吧。但无印良品的房子，正如杉本刚才解释的，虽然简洁，却包含了大量信息。就其中一点而言，材料被精心地用来最大可能地激起人们愉快的感受。以此作为一种测量空间的舒适度的标准的话，日本的住宅建造商可能无法理解这个质的标准。当我走进杉本设计的酒吧时，令我感到非比寻常的正是整个空间中所承载的海量信息。在信息的海洋中，我们天然地感到舒适、美好。

再回到刚才说到的巴厘岛的旅店，那是个非常美妙的地方，要说它美妙的原因，部分在于那条石头小径吧，但同时还有那里空气的味道。空气中有时掺杂着一丝水果的香甜，有时又飘来焚香的气息，不是某

一种单纯的气味，而是各种香气的混合。那儿非常安静，但如果竖起耳朵，会听到远处飘来加麦兰[2]声，混合着其他柔和的乐音。旅店的木墙古迹斑斑，整个空间非常有质感，与浅白的、非常新潮的东西截然不同，比如日本新建的高层建筑。我的客户大多喜欢新事物，虽然大型建筑里的电梯之类的东西，的确会给人带来直接、平衡之感，地毯、墙面、天花板也一样，但这些都是没有生命的物质。身处这样的建筑中，虽能感受物件的精巧，可对于我来说，这种空间承载的信息太少了，这令人无法忍受。

最近，我频繁地使用"触觉"这个词语，但并不是简单地指触摸的感受。为了觉察事物，人类动用了自己全部最灵敏的感觉器官，张开感觉器官上的每一个毛孔。为了更好地指代人类精巧的大脑和感官，我用"触觉"一词作为警醒：要在设计中进行有意识的行动。

—

M：从这个意义上说，杉本先生创造的空间是体现"触觉"的，对吗？在信息这个概念之下，隐藏的是一种关于信息之美的理念。杉本先生，您是如何在设计作品中体现这一点的？

—

S："信息"这个词非常简单易懂，可是其本质却深刻得多，是吧？为了运用不同的表现形式，很长时间以来，我一直认为我们设计师的作品与短歌极其相似。有时候，我会朗读或背诵诗歌，一遍一遍反复咏诵诗歌的过程与感受空间非常像，同样是关乎信息。对于最优秀、最卓越的短歌，如果它们不能深刻、充分地表达出作者的思想，那么你在读它们时，感受也不会那么强烈，这里面有种类似开关或触发器一类的东西。西行法师[3]有这种特质，石川啄木[4]及其他一些诗人也一样。要是你用心体会石川啄木的诗，会发现许多诗甚至能让你的内心充满泪水。它们实在令人悲哀，你不禁寻思："那个写诗的家伙一定是太悲伤了啊！"且不论石川在短暂的一生中是多么努力勤奋，要知道，写诗这件事对他而言从来不曾变得轻松一些。

他四处漂泊，一无所有；他的一生谈不上如何丰富、成熟，这都是诗中被讲述的事实，如我们前面谈到的，是类似信息的东西。不知为何，创造空间的举动与写诗非常相似。在众多优秀的诗歌中，柿本人麻吕[5]那首"暖暖东方曙色遥，初开宿雾覆菁岩；回首西流星汉澹，残月在天悬未消"[6]，意思是说，东方渐渐发亮，天色破晓，你一回转身，月亮正变得越来越暗淡。这首诗不过是用一种再普通不过的方式表达最日常的事物，但却相当宏大，你能从中感知大自然的瑰丽与壮观——真是一首美妙的诗啊！一首诗，历经千年仍传诵至今。

我以为，空间的价值也正在于此。从某种意义上说，我认为空间设计正是一个创造机会传递信息的过程。现代设计已经有能力创造出相当精细、复杂的东西，但设计传递出的信息会被过分刻意地挑选、安排。要创造某样现代的东西，至少会有一半努力几乎白费。但这样创造出的东西还是虚的，空无一物，很难成功地将信息传递出来。举例来说，大家都知道，Bang & Olufsen[7]的电子产品十分著名，可谓20世纪最美的人造物样板。但同时，我却认为这些产品实际上一片空白。说一片空白——嗯，必须加一些限定条件吧，不能无条件地这样说——就是说这些产品是那么优雅，能激起观者的兴奋感与愉悦感，其完成度非常高、形态非常完美，以至于无法看到物理形态之下隐含的任何东西，也就是说，看不到深度。全然不同于我在一家乡间古董店里留意到的一块破旧织物，那是很久以前农民每天穿的和服，虽然已破旧不堪，但同时又是丰富、饱满的，你明白我的意思吧？看着那块破布，你能从中感知到曾经身着它的农民的手上、身上散发的温度，而且穿过它的不止一人，能看出这件和服经反复缝缝补补之后还被穿过很多很多次。这类物件即带有一种丰富度，我认为空间也必不可少。我想，信息不应该由文字、词句来定义。比如，一棵树，便带有特定的信息。你知道，我说的不仅是树的种类、高度、粗壮程度，而是说它可能来自一栋被拆除的老旧民宅或学校。数十年甚至几百年来，这棵树一直注视着屋子里的人来人往，就那么凝视着，或许它已经污迹斑斑，被虫子蛀出洞或被人钉进钉子，然而，这所有的一切便是这棵树拥有的信息。绘画和雕塑、石器和铁制品也同样如此。一旦以这样的理念来运用材料，材料中蕴含的信息便倾泻而出。这便是空间里的信息的本质。

—

H：要回答"什么是信息"这个问题相当艰难。对我来说，结合刚才谈到的人类的感受力，信息的力量体现在激发人类的感受力并让其恢复敏感。在某些瞬间，出于某种原因，感官可能会突然变得迟钝，而信息的出现为人类指出方向，激发感知力。比如，在日本的短歌或俳句里，总有某种人们能够发现的、显而易见的信息，由作者有条不紊地排列并将其建构成简单易懂的信息体系——这么做不是为了专门展现给某个人看，而仅仅是为了表明"我觉得这首诗非常棒，但它究竟怎么样呢？"。一旦提问"究竟怎么样"，读者便顷刻之间聚焦到问题指示的地方，关注其中的现象，并变得非常敏感，随即对大量信息进行吸收、领会。归根结底，无论日本的诗歌或其他文体的文学作品，文本并非隐含着所有答案，而是作为信息的载体，目的是让读者能在某种程度上依文本指示的方向，敏感地捕捉其中蕴含的信息。

至于捕捉信息的方式，找一些今天的信息，随便问一个日本的年轻人"你知道这个吗"便一清二楚了。比方说，假如你问一个年轻人："你知道勒·柯布西耶吗？"他回答："我知道，我当然知道。"然而，没有任何关于勒·柯布西耶的后续讨论。他们知道这个人，只因在杂志上见过而已。这就成了当今交流的现状。如果信息的作用是让大脑活动起来，这种情况反而背离了信息的本质，难道不是吗？就这个意义而言，"他们理解他们不知道的一切"这种情况恰恰能被视为一种更深刻的理解方式。从这个角度来探讨信息的话，我一直在思考"隐含信息（exformation）"这个概念。"隐含信息"是一种传达信息的方式，"让一个人知道自己究竟懂得多少"。

再举个例子，想象一本纽约旅行指南。旅行指南无疑被各种信息填充得满满当当，当然，这是信息的用途之一，或许观光就是一个人参观自己期待看到的东西。但毫无疑问的是，还有另一种方式让人们得以摆脱传统游览路线的束缚，认识真正的纽约。意识到纽约还有多少未知之处，可能比看旅游指南更有意思吧。如此一来，在不断探索"信息究竟是什么"的同时，我相信信息的本质也将逐渐清晰。

"隐含信息"的方式能够传达许多不同的内容，是一个思考过程。能带来新感受的设计非常有趣，当我步入杉本设计的空间时，便有了那种新鲜的感受。即便只有一块石头放在那儿，我却丝毫不会觉得"这就是石头本来的样子嘛"，也不会认为自己理解了这块石头的光辉与华彩。相反，我意识到自己对这块石头一无所知。从杉本设计的空间里，我获得了这样一种印象，就是在那片未知空间里，具有重大意义的东西静默无声地展示在我的眼前。设计给人们提供了一个变得敏感的机会。如此一来，我认为一个人便被塑造成对信息敏感的人了。

—

M："意识"这一概念也非常重要——意识可作为一种认知的方式，作为一种记忆的存在方式。比如，当废旧材料被再利用时，即便曾经的历史是未知的，仍有某些东西会从材料的"记忆"中浮现出来，变得显而易见，从而让我们感知到并用一种新的方式来看待这种材料。

—

H：你提到的这种未知或者说"前形态"正是杉本设计作品中的一种力量，同时他的作品还夹杂了蜕化，或者说混沌。一般来说，制造物品的过程都经由混沌无序到成型。演化的过程就如同 Bang & Olufsen 产品的理想图景，达致完美无暇的境地。但是，再完美的物件也将慢慢锈蚀、腐朽，继而被风化成灰，然后再度回归混沌。在泥沼里，美的东西重新萌发、崛起，当再度达到完美后，又逐渐衰败、腐朽为尘土。物便是在这样的更替、蜕化与循环中存在着。杉本不仅仅看

上图
Shunju 餐厅溜池山王店的包间,由木、纸、泥灰等材料构成,给人以静默之感。餐桌简单地以一块厚重的木板打造成,是整个空间的焦点,两侧的座位设计为日本传统暖炕式座凳。

到了物成型的阶段,他还感知到了蜕化的美,这便是他看待物的方式。从渐渐衰败的、蜕化的物中看到美,是杉本设计作品中最为显著的特征。美不会修饰、改变人们意识中的"附加之物",美是一种唤醒人们感知的力量,同时作用于意识中的"附加之物"和"缺少之物"。杉本将这种美的力量精准地转化为室内设计的力量。人们能否意识到这种力量,其感受和结果是截然不同的,难道不是吗?

近期作品

Niki Club 酒店

酒店 / 栃木，那须盐原 /1997 年

为了充分利用所处地区的优美自然环境，Niki Club 度假酒店在设计中根据建筑特点，尽可能将不同功能区分散开来，彼此间通过小径相连，让人有接近大自然之感。然而，设计师并未将整个空间设计为花园，绝大部分空间保留了其原本的状态，未经任何改动，仅栽种了几棵能开花的树，凸显肉眼可见的自然界的季节变迁。酒店的总体规划及基本设计均出自设计师渡边明（Akira Watanabe）之手，超级土豆事务所则承接了酒店餐厅、酒吧和 14 间客房的室内设计。渡边明设计的酒店最初只有 6 间客房，后经扩大又增加至 14 间。

餐厅位于一栋二层建筑的下层，上层是接待处和酒吧。从上层入口处看，深色木梯顺着墙而下，墙面上有粗制铜板装饰。墙面装饰仅限于台阶上方部分，铜板拼贴的形状看上去酷似楼梯的"之"字形。这样的设计给柔和的射灯留出表现空间，突出了楼梯的存在。铜板粗糙得近乎岩石表面，展现着材料的天然质地，与裸露的平滑水泥墙并置，形成有趣的视觉反差。杉本贵志把餐厅设计成向广阔的大自然敞开的形态，以坚固的水泥墙为支撑，两层楼高的巨型落地玻璃从地面一直延伸至上层的天花板。造型简洁的木椅、铺着洁白桌布的木桌排列有序，与深色木地板相互呼应。一面玻璃墙把厨房与用餐区分割开来，顾客可透过玻璃看见厨房里的食材与厨师在工作。

金属板装饰墙延续到第二层，是设计中的一大特色，同时也充当壁炉的背景。冬季时，壁炉是最受顾客青睐的聚集地。落地窗旁专门设计了供人们观赏外界自然美景的场所；窗外，特制的户外射灯为凸显出冬季时的纷纷飘雪而设计。二层空间一直通往酒吧，酒吧区的灯光柔和，营造出亲密氛围。雕刻精美的金属格栅装点着窗户，温柔地遮挡了部分视野，同时还

上图
二层，放满照片和书籍的壁架、色彩浓郁的木制家具营造出起居室般舒适的空间，从吧台能惊喜地瞥见窗外树梢美妙的景致。

右页图
两层空间由厚重铜板墙和宽阔的台阶勾勒出边界。酒吧看似悬浮在空中，其中一角完全用玻璃做围挡。

<u>上图</u>
一个玻璃围成的小庭院，种上开花植物，大自
然便这样被引入客房。实木家具、地板和墙面
突出了这种与自然的联结。

<u>右页图</u>
从平面图可看出，酒店的整体设计理念在于打
造一个身处自然之中的建筑集合体，一层是餐
厅，客房则分布于整个楼层。

增添了一丝温馨。酒吧是杉本贵志最为得意的空间，以弧形木制吧台和深色木板墙装饰，深浅不一的棕色、春季来临的新绿、秋季落叶的金黄，随着窗外自然界的四季更替，人们在视觉上也体验到一种律动感。

室外小径沿两个浅浅的水池蜿蜒而去，池水映照着湛蓝的天空，把餐厅所在的建筑与客房区连在一起。14间客房风格各异，但设计都同样贴近自然。房间内部设计紧凑简洁又十分舒适，有足够的活动空间，不会让人因为幽闭而产生不适。木地板和墙面均为暖色调，增添了亲近自然的感觉。透过窗户，顾客能一眼望到远处的树林，近处则是精心布置的庭院。

许多客房都与专门设计的茶室相连。茶室地板采用传统榻榻米，墙面则贴着手工粗制墙纸或涂以混合麦秸的泥灰。传统日式松吉屏风（贴有半透明白纸的木格栅）隔挡了部分光线，天花板装饰的薄竹片给房间带来些许古风。墙面纹理粗糙的铜板、窗户上的金属格栅对传统空间进行着当代语境下的阐释，这些带有亲密感的空间通过设计师之手变成了一个个微缩的大自然的世界。

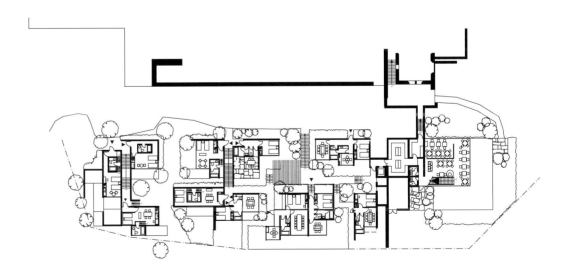

Mezza9 餐厅

餐厅 / 君悦大酒店 / 新加坡 /1998 年

当新加坡凯悦酒店集团旗下酒店转型升级为君悦大酒店时，酒店希望邀请一位设计师打造一种令人赏心悦目的酒店氛围，吸引更多人前来。不仅仅是住店的客人，在新加坡观光旅游的游客们也能被吸引到这里。为达到这一目的，酒店请超级土豆事务所翻新酒店大堂、餐厅、俱乐部、办公室、休息室以及地下酒吧。对超级土豆事务所而言，有机会接到日本以外的国家和地区的设计项目相当兴奋，因为能借此发现当地手工艺人的精湛技艺并加以创造性地使用。酒店餐厅Mezza9 的设计采用了令超级土豆事务所蜚声国际、被多次模仿却从未超越的"剧场厨房"。

餐厅命名为"Mezza9"，是暗指餐厅位于酒店夹层，可俯瞰酒店大堂，加之餐厅中布置了9 个厨房。超级土豆事务所充分利用整个空间，并参考了新加坡著名的室内"美食一条街"，打造出一个高级版本，以吸引全球各地的游客来此享受各式各样的美食。超级土豆事务所的设计理念正是"剧场厨房"，9 个开放式厨房分布在空间各处，顾客能见证食物烹调的过程，惊叹于厨师高超的技巧，同时体验整个烹饪过程的紧张感。

座位区围绕开放式厨房散布开来，餐桌大小不一，吧台座椅最靠近厨房，而包间则供团体顾客集体用餐。顾客可根据自己的喜好选择坐在任意一处，从任意一个厨房点餐。每个厨房都有各自的特色料理，包括最受欢迎的海鲜、寿司和中餐。顾客也可选择在酒吧区就座，可能挨着一个红酒柜，也可能挨着一间雪茄沙龙；还可以逛逛商店，挑选带回国的糖果和纪念品。经巧妙设计后，顾客在座位区能感到有一定的私密性，但同时又身处延伸空间的一部分。盛满活鱼的玻璃水槽、趴在冰面上的海鲜以及其他各类食材，不同种类的物品标志着空间的分割。就其优势而言，餐厅整体开阔明亮，连续的格栅状天花板突出了区域功能，顾客的视野可一直越过餐厅和玻璃隔墙，直到第一层的酒店大堂。

设计中，超级土豆事务所把相互碰撞、冲突的材质融为一体：纹理丰富、有质感的高性能触点材料打造出厨房的时尚感，并更好地为顾客服务；厨房里，不锈钢和玻璃闪着微光；粗糙的石制墙面、木地板围绕着座位区；木板包裹着梁柱，实木桌椅带来阵阵暖意。较为私密的酒吧区则以拼接墙面为特点，从日本远道运送来的废旧金属被再利用为屏风，它们原本都是切割加工过程中剩下的边角料。包间使用诸如手造粗纸、石灰泥等来装饰墙面，以薄薄的雪松木编织条修饰天花板，用纸灯照明。其中，有一面墙壁全部用中国古代雕花木板作装饰。与餐厅其他地方一样，包间同样给顾客保留了足够的私密性，但又非绝对封闭，穿过石头打造的花园式庭院空间，人们远眺的视野可定格在开阔的餐厅及一层大堂。

第 120 页图
从餐厅接待吧台便可看见几个开放式厨房正迎接顾客的光临。厨房布局呈一条弧线,围绕众多巨型梁柱排开。这些梁柱给开阔的空间带来节奏变化。

上图
在餐厅俯瞰大堂中庭,可看见大堂折纸样式的层叠式天花板,穿过中庭可俯瞰一层酒店大堂,所有空间仅简单地用一面玻璃隔开。

右页上图
楼梯底部装饰着剧场式灯光,让楼梯的雕塑感在空旷的大堂空间里脱颖而出,并突出了与上层餐厅的关联。

右页下图
餐厅和酒吧围绕大堂中庭上层展开,设计了开放式厨房和直角吧台座椅区,包间则被见缝插针地安排在空间的不同角落。

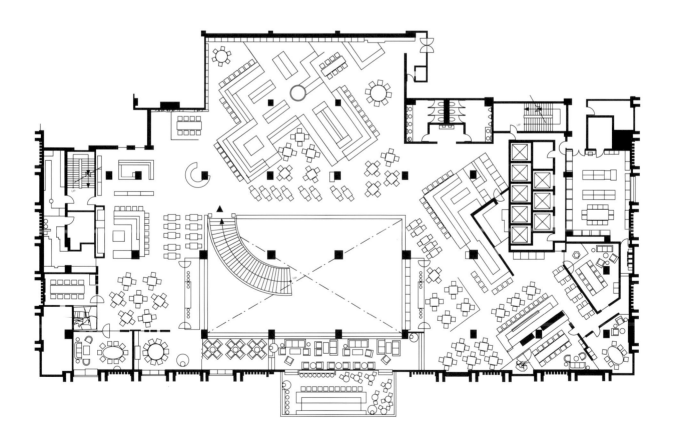

左页上图
垂直条纹状石板墙面上，灯光仿佛在欢快地跳跃，为宁静的用餐区营造出一幅颇具微妙纹理的背景图。

·

左页下图
全玻璃酒柜里陈列着数百瓶红酒，标志着开放式用餐区的边界。高高的落地灯套上手工纸罩，定义出用餐空间。

跨页图
用餐区在开放式厨房之间"流动"。木制吧台上的玻璃柜中摆满各种海鲜，以此营造出一点点区隔感。

跨页图
酒吧区以废旧金属装饰为特征。吧台上方的墙面由废旧金属拼接组成，金属屏风把酒吧与酒店大堂中庭分隔开来。

Brix 酒吧

酒吧 / 君悦大酒店 / 新加坡 / 1998 年

新加坡君悦大酒店主入口旁的室外楼梯将人们引向一间巨大的地下酒吧Brix，这个名字暗指"bricks"——砖，设计中最常见的建筑材料。为建立一种与城市的强烈关联感，超级土豆事务所在设计中参考了旧时新加坡建筑外墙的样式，采用当地生产的砖砌所有垂直表面。但超级土豆事务所并未完全沿用传统的墙砖利用方式，而是展现出这一材料功能的多变性：梁柱用墙砖按斜对角线的方向贴了一层，座位区的拱形壁龛也用墙砖堆垛而成。墙砖纹理多变，图案各异，像一幅三维拼贴画。有些墙砖牢固坚实，有些则留了孔，就像精致的屏风一样，能容光与视线穿过。

与颇具分量的墙砖形成对比的是用金属、玻璃和木料打制的地板、家具、酒柜和吧台，更显轻盈、现代。部分座椅配有鲜亮的彩色织物软垫，纹理清晰，给空间添了些许色彩和动感。天花板则保留原态，管道系统均裸露在外，尽可能地增加空间挑高。

Brix酒吧分为两个主要区域，彼此交错相通，并利用墙砖的不同砌法来区分各个座位区。空间更大、气氛更为活跃的主酒吧区里，中心活动区被一条长长的实木吧台围在中央，有一个小舞台供乐队表演。空间边缘的凹座给顾客提供了私密空间，同时让顾客体验更加完美的音效。一面带孔砖墙隔开活跃与安静的两个区域，在更具私密感的酒吧一侧，设计师打造了一个带有玻璃酒柜的红酒吧、一间雪茄沙龙以及一个威士忌吧，墙面皆以废旧金属片拼贴而成。为给顾客更多选择，Brix的座位布局、形式多变，氛围或活跃或沉静，但整个空间仍通过相同纹理的墙砖达到了统一。

上图
Brix 酒吧入口，灯光在静默的砖墙和粗制金属门上跳跃嬉戏，"Brix"的标志醒目地跃入眼帘。光线投下长长的阴影，为室内空间奠定了基调。

右页图
泛着微光的玻璃和不锈钢架似乎飘浮在酒吧上方。聚光灯突显了光洁的木制吧台和砌成三维图案的砖墙。

上图
明亮的玻璃酒柜突出了红酒吧的沉静氛围，还
被用来分隔雪茄沙龙区与威士忌吧。

上图
抛光木桌、大胆的几何造型的座椅，与流动的不断变化的三维图案砖墙，形成有趣的视觉冲击。

·

下图
中央主吧台与建筑本身的线条平行，利用砖墙让空间以中心轴为焦点旋转起来，从而形成一种耐人寻味的空间张力。

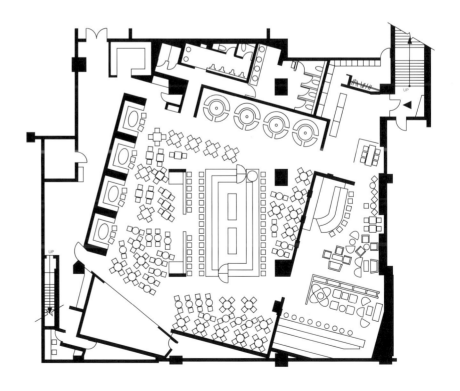

Straits Kitchen 餐厅

餐厅 / 君悦大酒店 / 新加坡 /2004 年

看似不起眼的 Straits Kitchen 餐厅却给新加坡君悦大酒店后堂增添了一丝趣味，透明与模糊有趣地混在一起，各种材料与纹理巧妙地彼此融合。2004 年翻新时，以彰显新加坡特色为设计理念，原本昏暗、未经充分利用的空间被重新设计，变得色彩明亮，给顾客带来了强烈的感官体验。后堂空间设计大胆：墙面利用当地的回收木材，漆成金属灰，镶嵌马赛克砖；废木料层层包裹的梁柱向地面投下阴影，层层叠叠，形成更深的暗影，反衬着马赛克墙面。

餐厅与后堂被隔开，两者之间的精巧隔挡是一面贴着新加坡黑白美食照片的透明墙，垂直的木制百叶窗隔板上镶嵌着色彩斑斓的点状丙烯涂料。透过隔墙，顾客可以看到餐厅里的自助餐桌上摆放着琳琅满目的食材。

一个半透明发光玻璃吧台为餐厅入口，还没进入餐厅，顾客便被活力四射的视觉、嗅觉和听觉效果吸引。首先映入眼帘的是饮品台，旁边的玻璃柜里塞满了新鲜水果，剧场式的灯光显得水果更加鲜美可口。吧台上方吊着玻璃架，后方各种果脯和蜜饯堆成小山，五颜六色，像一道彩虹。玻璃架正下方是开放式厨房，大厨在忙碌，用印度泥炉烹调马来西亚烤肉、中式鸡肉饭，为客人奉上新鲜出炉的亚洲特色美食，反映出了新加坡的多元化。在 Straits Kitchen 餐厅里，一切均可拿来示人：静待在石台上海碗里的色彩缤纷的沙拉，吧台下方摆满的碗碟，包括玻璃柜中排列整齐的诱人甜点，以及大厨一边认真烹饪面条，一边与顾客交谈的场景。还可见到各式调料，它们为整体格调锦上添花：头顶上，一瓶瓶鱼酱摆在玻璃架上；厨房后侧，辣椒罐沿着墙面一字排开。

大小不一、形状各异的木桌沿着餐厅边缘一组一组地摆放开来。坐在桌边，顾客能轻松地将开放式厨房和自助吧台收入眼底，向外还能瞥见下层的酒店大堂。梁柱被机智地掩藏在层层叠叠的木架之中，木架上摆满了陶瓷小茶壶，让空间更显活跃。用餐区的墙面装饰使用的虽是普通材料，但经超级土豆事务所之手，却变得不同凡响，充满趣味。灰色餐碟覆盖了整整一面墙，另一面墙上用的则是白色餐碟。玻璃架上，绿色、蓝色和透明玻璃瓶塞得满满当当，背面的光将其点亮，令人不禁驻足观赏。回收的废旧木块占据了墙面的一部分，另一部分则被冷绿色调的丙烯光板"占领"，还有的墙面则成为图案规则的瓷砖的"根据地"。正如餐厅设计中的每一个元素一样，每部分墙体均被精心设计，吸引着人们的感官，在这个活跃空间中制造出一种秩序感，饶有趣味。

左页图
由玻璃瓶组合而成的一面墙占据着用餐区的一边。发光玻璃瓶上方放满深色玻璃瓶的木架，从满满当当的木架上，顾客只能看到玻璃瓶或圆或方的底部。

上图

多个开放式厨房分布在餐厅的不同位置,与之相应的是各式各样的座位区,设计师巧妙地利用了餐厅和酒店后堂之间的锯齿形边缘进行设计。

·

下图

有着丰富纹理的建筑结构划出餐厅的不同空间,废旧材料做成的马赛克墙、被木架围挡起来的梁柱以及百叶窗式天花板均是如此。

·

右页上图

瓷砖拼成的图案墙。各种形状、大小不一的瓷砖不断反射着光线,显出色彩的细微差异和纹理的不同。

·

右页下图

数百条形状不一的不规则废旧木板被漆成统一的炭灰色,以马赛克形式排列镶嵌,装饰着前后大堂之间的墙面。

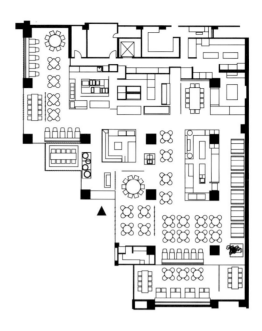

上图
玻璃调料瓶沿玻璃架整齐排列。玻璃架围出的
空间是印度传统泥炉烹饪厨房。前排顾客可目
睹厨房中忙碌的操作。

右页上图
各个开放式厨房的吧台之间放置了圆形木桌。
建筑本身的梁柱周围搭建起木架，木架上面安
放着数十个陶瓷小茶壶。

右页下图
废旧金属机器的局部被当作雕塑展示，周围环
绕着半透明隔墙，天花板呈百叶窗式，看起来
如同飘浮在连续空间之中。

Zipangu 餐厅

餐厅 / 东京，赤坂 /2000 年

Zipangu 餐厅空间狭长，这里之前曾先后开过多家餐厅，尽管位于东京生机盎然的赤坂，占尽地域优势，却没有任何一家餐厅能在这 100 米长、低挑高的走廊式空间中存活下来。然而，超级土豆事务所却非常聪明地将空间进行"扭曲"，打造出一条曲折小径，吸引着顾客一直走到狭长空间的尽头。这一设计结合了知名日式料理店 Nadaman 的特色，最终让这个餐厅成为极受顾客欢迎的驿站。

刚迈入这家位于 14 层的餐厅时，小路虽然并不那么显而易见，可一旦走进去，蜿蜒曲折的小径便令人惊讶不已又满心欢喜。电梯门打开时，顾客面对的是一个再正式不过的门厅，6000 个红酒瓶沿墙面依次排列。接待桌与门厅形成一个夹角——暗示着即将进入曲折小径。酒吧和休息区在接待桌左侧，有华丽而舒适的家具和剧场式的照明灯装点，深红、深紫色的装饰也泛着微光。梁柱用木料包裹，家具有实木、皮革和天鹅绒材质。双层休息空间的设计既典雅又舒适，且通过大胆的色彩运用，又多了一份现代感。

与色彩鲜亮的酒吧区相反，餐厅显得饱满而丰富，整个空间带给人的丰富视觉体验都得归功于多种纹理、质地的材料的组合，其设计灵感来源于蜿蜒的花园小径。超级土豆事务所的设计构想出自古时赤坂地区生动的城镇景观，那时，街道上熙熙攘攘，居酒屋随处可见。这个餐厅的设计工作恰好在新加坡君悦大酒店 Mezza9 餐厅完成后不久启动，杉本贵志运用了同样的开放式厨房方案。顾客能在任意位置就座，点其中任一厨房里的特色菜肴。

沿接待桌前的缓坡慢慢向里走进用餐区，顾客会被小径"带"着路过一系列小包间。这些包间与小径呈特定角度，中间以金属格栅屏和清浅的水池隔开。压铸过的玻璃块发出的光辉如同一块块巨大的坚冰，照亮花园小径，而两旁间歇交替的是相对而立的厚重的粗糙石墙与穿孔金属屏。包间里，厚石板上放置着矮桌，有些配有低矮的木椅，还有些在地板上打出凹槽，做成日本传统的暖炕式风格，让顾客坐得更加舒适，地面则以木板和石板拼接。

走着走着，突然开阔起来，主用餐区到了。该区域一侧是 5 个独立的开放式厨房，座位设置在对侧有窗户的墙边。石制吧台、木制吧台将厨房和用餐区隔开。所有厨房都比座位低一个台阶的高度，让大厨可以与就餐的顾客轻松对谈。木格栅与糊满厚厚的手造纸的墙面温和地区分出各个空间，同时又突出了曲折小径的延续性。手造纸也被制成一些照明装置。

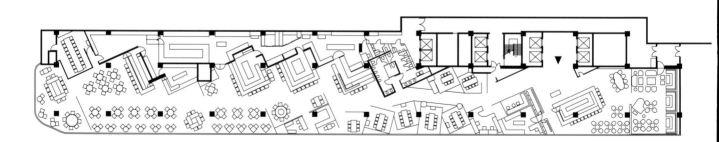

左页上图
废旧金属制成的屏风沿石面小径排列开来，小径蜿蜒穿过餐厅。沿着小径漫步，顾客能瞥见两侧紧邻的用餐区，感受到一阵神秘气息。

左页下图
开放式厨房和令人惬意的用餐区沿狭长空间的中心轴错开，均有一侧靠墙。小径在包间和厨房之间曲折蜿蜒，吸引顾客走过整个餐厅。

上图
包间里，一大块花岗岩充当桌面，座位采用日本传统的暖炕式。厚重的石制墙面和穿孔金属屏既界定了空间范围，又丰富了纹理。

上图
在曲折小径的隐蔽角落，不经意间，你会突然发现一丝都市的痕迹。手造纸被夹在木格栅和背光隔墙之间的玻璃中，作为装饰。
.

下图
手造纸制成的落地灯在这个包间一角兀自散发着柔和的光，另一个角落里，用岩石打造的小花园背后是用废旧金属制成的屏风。.

跨页图
转身看向门厅，在厚重的巴厘木家具、装设了红酒架的墙面的衬托下，略高于地面的吧台区"脱颖而出"。

跨页图
餐厅向厚重的石板吧台敞开，将开放式厨房围在中央。同时，这些开放式厨房还在一定程度上阻隔了顾客望向远处用餐区的视线。

Café TOO 餐厅

餐厅 / 香格里拉大酒店 / 香港 /2001 年

餐厅位于香港老牌知名酒店内。酒店本身即中西合璧，风格相对保守，因此，Café TOO餐厅在设计上尽可能显得明亮，充满活力，给人出乎意料的现代感。餐厅入口大胆使用完美的几何形设计：天花板刻出一个巨大的圆形凹槽，几近正方形的大门以木框装饰，嵌在被剧场式射灯照亮的雪白墙面上。这个设计为餐厅更随性、色彩更丰富的内部留出表现空间，那是一个气氛活泼，混合了中式餐厅、欧式烘焙与熟食餐厅、亚洲香料市场的热闹之地。

站在逼仄的接待处，可以看见1500多瓶红酒整齐地展示在长长的玻璃墙后的酒架上，沿酒架向内望去，便是开阔的餐厅。各种食材和菜肴琳琅满目。光洁的大理石台面和发光半透明的玻璃台面上，到处都是或陌生或熟悉的美食。小竹篓中蒸着点心，大厨忙碌地准备着海碗面，从炉子里拿出烤好的印度菜。墙上也摆满食材，包括五颜六色的香料、干面团、咖啡豆、茶叶，还有其他许多静静地待在透明面板后的天然食材。透明冰柜中满是水果和食材，刺激着顾客的感官，激起他们的食欲。为满足每天接待千余名顾客、提供很多不同风味美食的需求，Café TOO餐厅准备了5个自助吧台，分别供应沙拉、海鲜、寿司、甜点、面条和亚洲特色小吃。酒吧和开放式厨房里的顾客能一边欣赏食物的烹饪过程，一边愉快地与大厨交谈。

宽敞的用餐区在座位、自助吧台和厨房间自由"流动"，透过弧形玻璃墙可以看见酒店花园。整个空间被两列发光半透明的梁柱分割开，大小不一、形状各异的餐桌和垫着彩色织物的各式餐椅为原本丰富的空间增加了色彩与变化。地面在木地板、粗制大理石地砖、发光磨砂玻璃间不断变换，射灯从玻璃底部向上射出，凸显出自助吧台，同时也让厚重的石制吧台显得轻盈起来，似乎要浮在空中。天花板保留着原本的样貌，只是漆成白色，呈对角线悬挂着的金属百叶板装点着部分区域，把顾客的视线从餐厅尽头引向另一个统一的空间。

上图
结实的石制自助吧台后方是开放式厨房，大厨的一举一动都可尽收眼底。木制吧台和玻璃架上摆满了盛着各色美食的餐碟。

右页图
剧场般的餐厅入口，大胆地使用了鲜艳的色彩和几何形状设计，将视线框定在接待处，后面则是玻璃架组成的弧形墙，架子上放满了食品罐。

上图
食物是 Café TOO 餐厅的永恒主题。灯光由下而
上照亮石制吧台上的玻璃盒，里面装着准备好
的冷冻食品。远处的木架上陈列着各类面包和
茶叶。

下图
座位集中在弧形玻璃墙一侧，可供顾客欣赏外
面的酒店花园。整个开阔空间里，带自助吧台
的开放式厨房如小岛般散布。

右页图
7 个开放式厨房之一，以吊顶和石板地面为特征，
吧台上、墙上展示的食物和各种香料形成一个
色彩相互碰撞的世界。

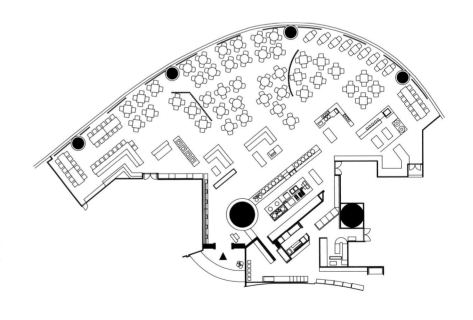

跨页图
从入口处向里张望，餐厅整体空间随一排玻璃
酒架缓缓地、戏剧性地展开，弧形玻璃架上放
着数百瓶红酒。

Hibiki 餐厅

餐厅 / 东京，丸之内 /2001 年

Hibiki餐厅位于繁华的东京商业中心丸之内，其标志是一个用罗马字母拼出的店名。其简洁的设计风格一直延续到内部空间，以石和光为设计焦点。石头代表了过去的信仰和观念，而光则代表了未来——其他材料均沦为无意义的表达。粗糙的岩石已经历过漫长的岁月，与过去有着不可分割的关联，石头上人类手工开凿、打磨的痕迹，静静地述说着曾经发生过的一切。石头与半透明发光板结合在一起——既熟悉又新颖的材料组合，赋予了空间未来感，同时也令人不由得停下来，重新思考材料和设计的意义。

主空间的标志是一个酒吧和一个中央开放式厨房。厚重的粗糙岩块广泛运用于这两个区域中，有的作为光亮的石板台面，有的经精细切割后打磨成光滑台面，还有的被用来充当玻璃柜的基石，而玻璃柜里放满新鲜蔬果和其他食材。厨房管道通风罩隐藏在半透明板后，立柱上装饰着镜子，层层反射，令梁柱似乎最终消失在空间内的某一点。色彩鲜艳的蔬果将顾客的目光吸引至厨房，停留在令人垂涎的食物上。

餐厅建筑本身的结构框架隐藏得非常好，以突出岩石的重量和自然的力量。半透明丙烯板贴在梁柱表面，用柔和的灯光照亮，仿佛一根根闪闪发亮的光柱从地板上缓缓升起。墙面部分也用岩石作装饰，当作用餐区的背景，部分墙面装饰有背光板，看起来好像从坚固的墙面中解放了出来。

主用餐区隔壁是一个大包间，玻璃酒瓶夹在玻璃

上图
餐厅入口设计非常简洁，餐厅名即标志。从入口看，视野和纵深极好，可一眼从接待台看到被空间中央玻璃柜围挡的厨房。

右页图
两块巨大、厚重的花岗岩固定住光滑石台的一角，仿佛静静地坐着，欣赏由不锈钢和玻璃围成的厨房中的一举一动。

之间，再制作成架子，作为两个空间的隔断：看起来是一面墙，但又不是一面真正意义上的墙。小包间则与外界相对隔绝，与主用餐区敞亮、开放的感觉形成对比。包间墙面涂以泥灰或糊以粗制手造纸，座位被设计成传统的低矮暖炕式，地板做下凹处理，让顾客坐得更舒适。包间和开放的用餐空间均完美展现了超级土豆事务所的设计理念，即打造一个便于人们交流的空间，通过运用自然材料，体现与自然界的联系，传达设计师对人类手工痕迹的理解。材料本身既诉说着过去的时光，也指向未来的希望。

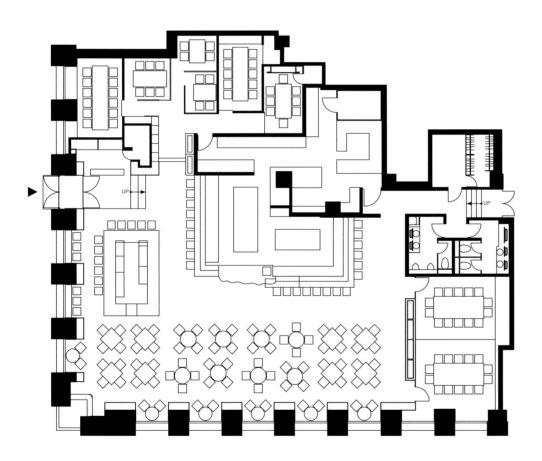

上图
半透明背光板勾勒出窗户的位置，营造出宁静、祥和的氛围，与远处熙熙攘攘的街道形成鲜明对比。

.

下图
包间被安排在楼层边缘，从入口和用餐区看，酒吧成为视觉中心。

右页图
发光玻璃和石制吧台周围用玻璃围挡起来，与入口处的石阶隔开。玻璃架从天花板装设的金属杆上垂直悬挂下来，正好位于玻璃吧台上方。

上图
玻璃柜中放满了红酒瓶，从地面一直延伸到天花板，增强了趣味，同时也把最大的包间与主用餐区分隔开。

上图
百叶窗式粗木条隔开包间与主用餐区，包间里
光线柔和，有简洁的木桌和日本传统的暖炕式
座位。

Zuma 餐厅

餐厅 / 伦敦 /2002 年

主厨雷纳·贝克尔（Rainer Becker）将 Zuma 形容为一家有着意外之喜的"终极餐厅"。尽管餐厅就在著名的哈罗德百货对面，属于伦敦市中心，人来人往，热闹非凡，但餐厅入口却在安静的后街，足以勾起人们探索的欲望。出于制造一个惊喜，向世人呈现一个与众不同的极具现代感的餐厅的目的，同时体现一种新的伦敦风格，贝克尔大厨找到了超级土豆事务所。杉本贵志将这种新的风格形容为"如烟雾袅袅升起"的状态，既是微妙柔和的，同时又是清晰可鉴的。这种微妙的特质从餐厅入口便显露了出来：厚重的木门嵌在玻璃墙上，向接待处敞开，光洁的石头与玻璃混制的吧台是其标志，顾客可由此瞥见酒吧区和远处的餐厅大堂。根据分割空间的不同需要，装饰材料、灯光均有变化，让每个区域既保留独特性，又形成氛围上的互补。整个空间里，唯有石板地面和裸露的天花板始终不变，强调空间的统一。天花板漆成深灰色，不注意看的话，似乎感觉其在头顶上方消失不见了。餐厅中首先跃入视野的是酒吧，以厚重的粗制岩块、半透明发光玻璃板交错勾勒出吧台的轮廓与边界，台面则采用了精致、轻薄的透明玻璃。从天花板垂直悬挂下来的玻璃架上，整齐排列着数百瓶清酒，全部从日本运来。

吧台一侧是休息区，桌子低矮，座椅舒适，标志性的装饰是一面厚重的石墙和一面前方用木板装饰的玻璃墙。将回收再利用的旧木板堆砌在一起，中间留

有缝隙，既创造出变化感，又能让顾客透过缝隙瞥见户外的小花园。木板墙一直从休息区延伸至用餐区，两个区域间几乎没有隔断，只有由金属电缆和透明丙烯板做成的近乎隐形的书架，标示着两侧空间的不同。

用餐区围绕开放式厨房布置，标志性设计为安放在石基上的厚石板台面和装饰着状射灯的吊顶。厨房的边界通过玻璃柜的运用加以突出，玻璃柜里放满了

上图
巨大的花岗岩纹理、质地无比粗糙，另一些抛过光、打磨光滑的岩块则被用来凸显开放式厨房，让顾客能够近距离观察厨房里忙碌而有序的食物制作过程。

左页图
半透明板打造的三明治式书架区隔开了用餐区和休息区，厚重的岩块砌出的墙面让人感觉很坚固，而用回收废旧木板堆砌成的墙面则给人以轻盈感。

盛在大陶碗里的冰镇海鲜、新鲜蔬菜，以及形状、尺寸、颜色都不一样的瓷碟。色彩缤纷、形状各异的食材和餐碟将顾客的目光吸引到厨房里热火朝天的准备过程中。采购自巴厘岛的木椅沿吧台排列，让顾客能近距离观赏厨师们的一举一动，用餐区其他部分摆放的则是圆形木制桌椅。纸制落地灯散发出温暖的光，营造出空间的格调，并与发光墙面形成互补。发光墙面由两层透明玻璃夹入手造粗纸制成，结构酷似三明治。一扇厚实的木格栅矗立在用餐区后方，用来隔出两个包间。在看似粗糙、实则精巧的整体装饰风格中，木格栅营造出另一种朴素、低调的感觉。

跨页图
墙面、天花板所用材料的纹理都相当丰富，且质感独特，勾勒出不同的空间。每个空间既具有一定的私密性，又与整体联系在一起。

右页图
餐厅入口正对酒吧区及紧邻的休息区。吧台座位区沿两个开放式厨房延伸开，界定了厨房空间，用餐区在厨房一侧，两个包间则被安排在空间后方的角落。

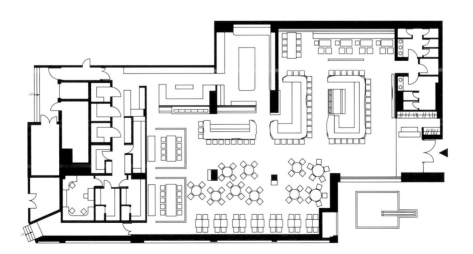

君悦酒店大教堂

教堂 / 君悦酒店 / 东京，六本木 /2003 年

东京君悦酒店的设计可谓不同风格的杂糅，但其建筑本身又自成一派，展现出一副遗世独立的姿态。因为有着丰富的君悦系列酒店室内设计经验，超级土豆事务所受邀对东京君悦酒店的教堂、神社、健身中心、水疗馆以及两个餐厅进行设计。整个项目的设计给人感觉相当现代、摩登，又不乏日本传统的元素和设计理念。现代与传统共同培育出了酒店的国际范儿。

酒店内的大教堂是超级土豆事务所首次接触此类场所的作品，杉本贵志为此特意学习、参考了诸多欧洲教堂的设计风格，同时借鉴了安藤忠雄设计的日本本土教堂。杉本贵志受勒·柯布西耶早期设计的一个教堂影响颇深，该教堂造型简洁，自然光从上方射入，照亮整个空间，给杉本留下了深刻的印象。在君悦酒店大教堂长达两年（对于室内设计而言，两年时间实在是太过漫长了）的设计过程中，杉本辛勤工作，力图让教堂看起来"毫无设计感"，除了行使功能所必需的配置外，没有任何多余的装饰和物件。

为了尽可能达成设计目标，杉本与建筑设计师们通力合作，为高而倾斜的天花板留出了足够空间。设计中，通过对不同材料和光线的运用，突显整个建筑的高度。以祭坛为中心，教堂的墙面自下而上稍稍向内倾斜，墙面用可移动木板垂直拼接组成，带有少许未完成的粗制感。悬在空间上方的天花板也用木板打造。教堂里，朴素的木凳静静地立在稍带纹理的石板地面上。3 个长方形实木讲台是祭坛，地板用的是同

样的石板，只不过比地面略高出一个台阶的高度。教堂上方悬着一个简洁的用薄金属制成的十字架。空间整体与祭坛呈一个不大的斜角，从祭坛上方延伸出去，在墙面和天花板相交的最高点形成一个开口，自然光由此落下，直射在祭坛上。教堂绝大部分采光均来自这个开口，但也有部分光线从天花板边缘的缝隙处透入。光在木板上流淌，凸显出墙面的立体感，跳动的光线和错落的阴影让整体空间如同剧场般梦幻。

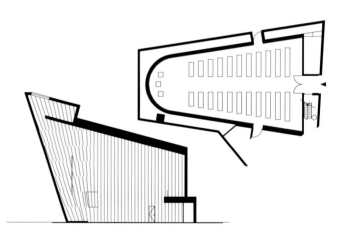

上图
从教堂平面图（上）可以看出，墙面彼此之间呈一定的角度，服务设施设置在边缘处。从纵切面图（下）则可明显看到，从低矮的入口到祭坛，教堂高度有着显著变化。

右页图
墙面和天花板以木板打造而成，空间戏剧性地上升，在十字架上方形成一个开口。

君悦酒店神社

神社 / 君悦酒店 / 东京，六本木 /2003 年

东京君悦酒店的神社可谓精心打造，由三个截然不同的独立空间组成，明与暗、光与影交错组合，扣人心弦。这个神社的基本用途是举行日本传统神社婚礼，然而，空间设计却一点儿都不是典型意义上的传统设计，反而是在充满现代感的整体风格中融入了传统元素。依次走过每个独立空间时，人们会被自然引向下一个充满高度戏剧感的空间。

神社的入口是昏暗的隧道空间，地面铺着深色石板，铜板墙上满是磨损的痕迹，似乎曾被丢弃到野外任其风化。光线从天花板、墙面、地板间的缝隙中透出来，令天花板和墙面看起来仿佛浮动的平面。隧道通往一个昏暗的等候室，里边的墙面用著名艺术家千住博（Hiroshi Senju）的一幅画作来营造气氛，黑白的画面中，瀑布的水雾升腾着。屋顶小小的射灯投下的昏暗光线突出了画面中白色的部分，给房间增添了神秘的气息。

黑暗的前厅里，两扇巨大的门通往主室。主室仿佛另一片天地：醒目，充满生机，出乎意料。乍看上去，这个空间由木头和玻璃构成，加以明亮的灯光和自然光。但实际上，这个房间里是由一整个工艺精湛、制作精良的柏木架构成，与墙和天花板隔开一定距离，照明灯隐藏在柏木条后侧，灯光反射到墙面和天花板上，形成一道阳光直射般的强光。地面规则地铺设宽木板，将人们的视线引向祭坛——一张以百叶窗式发光丙烯板为背景的柏木桌，质感轻盈。明亮的丙烯板从地面一直垂直铺到天花板，除薄薄的边缘外，近乎透明。发光板是磨砂质地，看上去有未完成的粗糙感，既能反射光线，又呈现出了朦胧感。

上图
等候室精心设计的灯光凸显出千住博无与伦比的美妙壁画，呈现出水雾般的质感，光滑的石板地面上隐约倒映出壁画的影子。小射灯被设计在天花板的各个角落，仿佛在空中闪烁着光芒的星星。

左页图
隧道入口处凹凸不平的铜板墙面似乎吸收掉了所有光线。光洁的拼接石板地面把人们的目光引向昏暗的等候室。

平面设计图（上）显示，不同的空间序列尽在
设计师掌握之中，而纵切面图（下）则展示出
"盒中盒"的设计理念。在神社的石灰墙内，设
计师又套了一层木架。

跨页图
3 个空间序列的最后一个，精工细作的柏木架
套在石灰墙内，辅以强照明。垂直铺设的丙烯
板为简约的木制祭坛打造了一面发光背景墙。

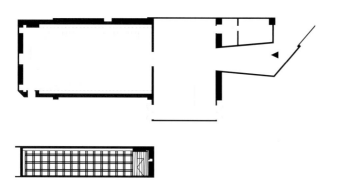

Shunbou 餐厅

餐厅 / 君悦酒店 / 东京，六本木 /2003 年

从君悦酒店主体建筑出来，不远处便是 Shunbou 餐厅。这家餐厅位于一栋建筑的 6 层，可直接通往六本木新城的室内商业街。一路上，周遭环境和氛围发生着十分显著的变化：从克制而优雅的酒店到充满生机又宁静的半户外空间。一条宽敞的石面走廊仿佛被两侧玻璃墙"牵引"着蜿蜒向前，途中可一眼看穿由超级土豆事务所打造的 Shunbou 和 Roku Roku 两家餐厅。在这两家餐厅的设计中，石材得到了广泛运用，全部石料均来自四国岛，历经三年慢工开采、切割而成。对一名室内设计师而言，交付期如此漫长的项目相当罕见，而杉本贵志本人也表示，今后可能不再有魄力重复做这样艰巨的项目了。在这个项目中，杉本贵志大规模使用石材，尽可能地摒弃肤浅信息。视觉上能感受到的表面信息很可能会阻碍人们理解设计本身的整体性，同时，也可能让人们过于关注身体能感觉到的信息，而无法感受设计中暗含的情感。

较之 Roku Roku 餐厅，Shunbou 餐厅占地面积更大，更加宽敞，也更强调石材的质量与其所展现的自然力量。开放式厨房被沉重的石制吧台环绕，周围墙面则是混搭的粗制岩块与玻璃。地面同样用石板铺就，除了被小型玻璃环绕的庭院式花园的石板被打磨光滑以外，其他部分的石板均保留了一种未完成的粗糙质感。一部分座位为吧台座椅，另一部分则是分散于整个空间的简洁木桌椅。几个小包间均为传统榻榻米，墙面或是涂以泥灰，或是糊以手造纸，均呈现出特别的纹理与质感。

巨型岩块围成一个紧凑的小庭院，主用餐区和 4 个包间由此隔开，顾客能从包间里观赏到庭院景观。沉甸甸的木桌和设计简洁的座椅占据了包间的中心位置，地面或设计为榻榻米，或铺设木地板。吊顶用带不锈钢拱肋的木板打造，而墙面则用泥灰细细粉刷，让人感受到与传统的紧密关联。

上图
其中一个包间里，从矮桌和暖炕式座椅抬眼望去，可看见外面的庭院。垂直的木板、水平的纸制松吉屏风均呈百叶窗式，形成有趣的视觉对比。

左页图
在主用餐区和包间之间，设计师打造了一个庭院式花园。狭小的庭院里，巨大的石板铺成小路，无比庞大的岩块静静伫立在小路一侧。

上图

光滑通透的玻璃墙面上，餐厅入口高高的木门和树枝状的把手引人注目。建筑本身的两根梁柱表面则贴上了半透明发光玻璃。

·

下图

一条狭窄的走廊把人们从酒店引向 Shunbou 餐厅（左侧阴影区），同时隔开了 Roku Roku 餐厅（第 173 页）。右下方是 Shunbou 餐厅的石造庭院和包间。

·

跨页图

吊顶标志着开放式厨房的所在，台面是厚重石板，背景墙也由粗石砌成。玻璃围挡出一个小小的庭院，给餐厅注入了些许自然感，也使餐厅的自然采光更佳。

Roku Roku 餐厅

餐厅 / 君悦酒店 / 东京，六本木 /2003 年

    Roku Roku 餐厅同样位于东京君悦酒店内，规模较小，主要制作寿司。各类食材被融入餐厅的室内设计中，木制吧台后的玻璃柜里精致地陈列着卧于冰上的烹饪食材。座位的刻意安排令客人能从容地欣赏餐厅的室内空间及远处景观。在寿司台就座，透过巨大的玻璃，可看到不远处的一面精心打造的巨型岩块墙，令人不由得回忆起日本古代城堡的墙基。仔细观察会发现这些或光滑或粗糙的岩块中，有些岩块上还保留着开采时的钻痕——这是超级土豆事务所在用自己的方式提醒我们，岩石也同样拥有并能传达丰富的信息。在有些座位上，可透过餐厅高而宽的玻璃墙看到室外的庭院。包间里摆放着厚重的木桌椅和一尊铜塑，墙面上的传统手造纸、背光隔断玻璃与铜塑形成有趣的材质对比。

    与 Shunbou 餐厅类似，杉本贵志在设计 Roku Roku 餐厅的过程中，试图通过光的运用赋予空间一种材料的质感：外界的自然光透过巨大宽阔的玻璃墙射入室内，凸显出了地面和墙面的石材的纹理与质感；光线柔和地穿过建筑梁柱表面的半透明板，给人以视觉的变化，同时在整个空间内突出了装饰材料的对比。

跨页图
石、木、玻璃组合展现的绝妙效果令人赞叹不已。Roku Roku 餐厅的一大设计特色是座位，座位沿光洁的木制寿司台排开，对着一面宽阔的墙，这面墙由凹凸不平的粗石板和打磨光滑的花岗岩共同构成。

Nagomi 健身中心

健身中心、水疗馆 / 君悦酒店 / 东京，六本木 /2003 年

　　进入东京君悦酒店的 Nagomi 健身中心和水疗馆，仿佛突然间将外面的世界抛在身后，踏进了一个由柔和的形状、冷色调的漫射光和雅致的光影构成的宁静世界。空间似乎有流动感，间或摆着石制品或木制品——石、木这些常见材料，在这里却以吧台和长凳形式呈现。入口处，静默的花岗岩墙前是宽敞的木阶，将人们引向接待处，木板粗糙的表面留有光滑的垂直切割纹路。黑暗的空间中，一个水池透过玻璃墙，跃入眼帘。水池周围的地面变成冰冷的花岗岩，勾勒出水池的轮廓，从石到水，带来非常微妙的质感的变化。水池里圆形半透明的发光玻璃池实际是一个按摩浴缸，其边缘与水池稍有重叠。浴缸发出的白光在天花板上映衬出柔和的光影。水池表面装有几组小射灯，像一个小小的星系。

　　沿一处简易楼梯而上是健身中心，从水池的位置便能看见。健身中心更注重功能性，气氛的营造相对次要，但也不乏精巧的设计细节。木板墙、铝制格栅天花板和宽条木地板共同构成了整个空间。

　　水疗馆与水池在同一楼层，同样用漫射光营造出宁静的氛围。水疗馆根据服务项目不同打造出不同的装饰风格，但均使用了天然装饰材料，细节处设计精良。石板地面、木板墙、柚木家具甚至浴缸都是从一整块大石上凿刻而出，辅以柔和的光线，让这个经过精心设计的空间充满优雅的格调。

上图
一个小厅可通往接待处，水池和按摩浴缸位于接待处的对角线位置。更衣室和水疗馆沿外墙依次排开。健身中心位于上层，可俯瞰整个水池。

跨页图
按摩浴缸发出明亮的光，两个同心圆构成的浴缸看上去仿佛浮在木地板和黑色花岗岩水池上。接待处的天花板上，一小片顶灯似星星在夜空中闪烁。

Waketokuyama 餐厅

餐厅 / 东京，南麻布 /2004 年

作为日本最受推崇的餐厅——Waketokuyama的常客，杉本贵志非常享受这里未经深加工的简单菜肴——不追求与众不同或标新立异，只使用最高品质的食材来烹饪美食。当受餐厅大厨野崎洋光（Hiromitsu Noza-ki）之邀做新餐厅的室内设计时，杉本贵志决心让自己的设计与餐厅对食材的态度保持一致：简单、直接，既让人感到亲切熟悉，又充满现代感，并且只使用最好的材料。

为了设计餐厅建筑结构及所在位置前的一条重要的人行道，超级土豆事务所选择与著名建筑师隈研吾（Kengo Kuma）携手。餐厅位于东京最时尚、最具都市感的南麻布街区，两侧分别是一条长街和一个公园。得益于此处优越的地理位置，设计师们获得了一个突显周围社区的机会。夜间，从街道上奔驰而过的汽车的前照灯为这个社区划出了一条模糊的界线，设计师由此汲取灵感，着手创造一栋能展现街面活动、体现与社区内在关联的建筑，同时也必须让人感觉相对封闭和安全。几经商议，他们最终选择在建筑外墙上开凿无数孔洞，内

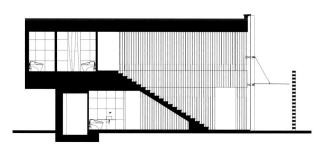

上图
由隈研吾设计的空心水泥块隔墙仿佛飘浮在街道上，跳脱于整体建筑，并打造出一个隐秘的入口。

左页图
从正面看，楼梯紧贴着玻璃墙。透过空心水泥块隔墙，可以看见外面的街道和天空。

下图
剖面图显示垂直的木制百叶窗穿过入口和楼梯，占据了整个空间的高度，并将楼梯与用餐区隔开。

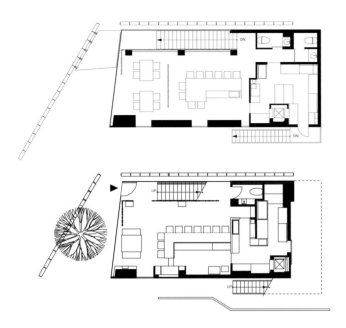

外光线可由此自由进出。空心水泥块被放置在钢架上，在餐厅二层的玻璃外墙前形成一面水平条纹状隔墙。隔墙一直延续到建筑的玻璃外墙下方，增强了律动感，同时勾勒出一个户外阳台的轮廓。另一面较短的隔墙与前一面形成钝角，作为餐厅入口的标志。

进入餐厅，厚实的墙面上粗粗地涂以泥灰，垂直悬挂的轻薄木制百叶窗起到进一步调控光线的作用，也能阻隔顾客观察建筑外墙的视线。墙面的沉重、木板的轻盈两相对比，相映成趣。为丰富纹理、增强质感，设计师在泥灰中加入了陶瓷碎片，四散在墙面上的碎瓷片留下了深橘色的阴影，散发出阵阵暖意。墙面上嵌入了宽阔的玻璃窗，可看见外面精心培育的花。窗户故意设计在墙的后侧，以突出墙面的厚度。石板地面、简洁的木制吧台和座椅丰富了天然材料的种类，两根建筑梁柱被镜面玻璃覆盖，经层层反射，似乎从空间里消失了。

餐厅入口旁边有楼梯上到第二层，回收的废旧木材再利用为隔挡，用来隔开桌椅。穿过开阔的空间，泥灰墙、玻璃侧墙引导人们将目光聚焦在远处的花园里，植被苍翠欲滴，街上来往的汽车前照灯断断续续地闪现出片刻柔和的光。

上图
上下两层都把座位区推到空间背面的角落，与厨房、洗手间相对，以此充分展现露台的景观和花园的葱茏绿意。

跨页图
轻薄的木制百叶窗、宽阔的玻璃墙给空间带来轻盈感，与厚重的石墙及地板形成强烈的视觉冲突，石板地面一直延伸到户外，打造出一片小小的景观。

跨页图

餐厅的一层，木、石两种材质并置。简单的餐桌和吧台椅可供 10 人同时用餐，空间布局令顾客彼此间、顾客与大厨间均能轻松交谈。

上图

轻薄的废旧木板作为隔挡，厚实的墙面涂以泥灰。泥灰里加入了陶瓷碎片，宽阔的窗户与墙面勾勒出餐厅二层的用餐区。

Roka 餐厅

餐厅、酒吧 / 伦敦 /2004 年

在伦敦繁华街区的一个角落，从 Roka 餐厅沉静的外表，根本无法看出你即将步入一个何等丰富又多变的餐厅。金属板刷成冷灰色，用作外墙，几个巨大的开口用玻璃封起来，与冷灰色金属板间隔交替，让人们的视线在餐厅内外自由转换。天气暖和的时候，玻璃墙可打开，桌椅从室内移到人行道上，模糊了餐厅与伦敦这座城市的界线。

从室外的露天区域到室内，延续不变的是干净利落的设计线条和纯粹的形式。在这里，简单与质朴是设计的重中之重——无论是正中央环绕着开放式厨房的吧台，还是悬空在烧烤炉上方的半透明玻璃罩，或是分散在餐厅内的结实的木桌和采用柔和的暖光照明的墙板，一切精巧的设计细节、丰富的纹理、独特的质感、细微变化的材料和色调，无不体现出设计师的良苦用心。木、石、纸、玻璃经极具创新意味的革新和出其不意的拼接组合，被赋予了新的意义，全然颠覆了人们对这些天然材料的传统认识。开放式厨房木制台面的天然波浪形边缘和支撑底座的精密榫卯结构形成了强烈的视觉冲突。从一间废弃教堂搜罗来的厚橡木板，层层叠叠成一面厚重的墙体，其重量感由于简洁的玻璃支架的加入得以调和。每一个玻璃架上都摆放了各式各样的罐子，盛满果酒——都是颇受顾客青睐的日式烧酒，让人不由得对即将发生的一切充满期待。

经台阶可步入酒吧休闲区，两侧粗糙的泥灰墙和木地板将人引向幽暗朦胧的地下酒吧。泥灰墙面从地面一直延伸到地下，每隔一段距离镶嵌有铜板，铜板上的铆钉在灯光的照射下璀璨夺目；一些空白墙面上摆满了极富质感的物件，有从已经关闭的日式烧酒厂

上图
一扇高大的木门，纹理精美绝伦，作为餐厅入口。与旁侧光滑的玻璃、金属混搭外墙形成鲜明对比。夏日里，打开玻璃墙，餐厅便与街道融为一体。

右页图
罐子里，各种水果泡在日式传统烧酒之中，作为墙上的点缀。墙面由废旧木料砌成。厚实的日式传统手造纸包裹住瓶口，辅以背景光，更突显出纸张的纹理与质感，看起来与木纹极其相似。

左页图
环绕开放式厨房吧台的天然厚木板，源自有 270
年树龄的榆木。一圈圈波纹状的年轮和树节纹
理，诉说着榆木的故事。

上图
废旧木板和色彩鲜艳的厚纸条共同组合堆砌成
墙体——从地板一直堆到天花板，边缘的排列
有些许错落，这样更能捕捉光线。

下图
开放式厨房区，布满树节的厚木板台面环绕中
间的烧烤炉。石制操作台面上，各种各样的篮
筐和瓷碟中展示着不同的食材和原料。

中搜寻到的酿酒桶和酿酒工具，还有摆满特调饮品罐
的木架。吧台以厚实的深色木料打制，占据了酒吧的
中心位置。柔和的光线凸显空间的纵深感，两组不同
的色彩配置区分开两个休息区——稍大一些的休息区
用彩色软垫椅装饰，比其他部分高出两个台阶；一面
由鲜红色织物堆叠而成的墙让人眼前一亮，那里便是
相对较小的休息区，剧场式的照明设计充分展现出织
物的层次感，同时令人不禁回想起上层餐厅里用纸堆
砌的墙面。

开放式烧烤炉是整间餐厅的焦点（上），餐桌分
布于空间边缘。台阶将人们引向休闲区的中心
酒吧（下），酒吧分为两个座位区。

跨页图
木制吧台、家具、地板均为深色调，营造出酒
吧的沉静氛围。使用过的酿酒桶和酿酒工具均
来自一间废弃的烧酒厂，它们共同构成了墙体，
增强了酒吧空间的质感。

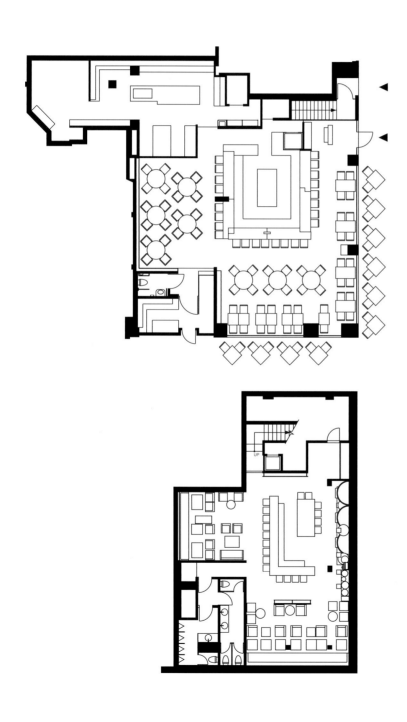

Sensi 餐厅

餐厅 / 贝拉吉奥大酒店 / 拉斯维加斯 /2004 年

从贝拉吉奥大酒店大堂前往副楼，富丽堂皇的古典装饰风格中突然闯入一面不锈钢的墙，水流从墙顶轻快地奔流而下，这面墙在光下闪闪发亮。强光打出"Sensi"字样，浮在倾泻的水流中央。出其不意的画面和流水声让人们禁不住想伸手去触一触水流。然而，小瀑布仅仅是餐厅的一角，隐隐宣告着即将到来的丰富的空间。

餐厅延续了酒店大胆的古典装饰风格，但在材料使用上却有微妙的变化。进门后是一面令人印象深刻的石墙，采自日本的巨型花岗岩从地面一直擦到天花板，纹理鲜明，与旁边入口处的弧形玻璃墙形成剧烈的冲突。高大的玻璃板沿副楼大堂空间弧线一路延伸，只在中间被两扇巨大的木门隔断。在一根发光方形梁柱前，玻璃墙戛然而止，梁柱外贴着背光半透明玻璃。

跨页图
巨大、沉重的粗糙岩块静静伫立在地面上，勾勒出开放式厨房的边界。悬挂在吧台上方的玻璃架，上面放满玻璃瓶，盛装五彩缤纷的各色食材和原料。

左图
餐厅名字在瀑布水流划过的墙面上闪闪发光，旁边是高大的木门，作为餐厅入口的标志。玻璃墙让顾客能清晰地看到餐厅内的一切。

上图
从餐厅平面图可看出，从入口往里走去，功能
不同的空间缓缓展开。一进门，首先迎接顾客
的是占据一角的酒吧，接着步入位于正中心的
开放式厨房、主用餐区，以及盘踞远处角落的
烘焙厨房。厨房一侧是雅座，后侧则是宽敞的
包间。

下图
一张相对私密的独立餐桌，这是专享大厨服务
的两张餐桌之一，是观赏厨房的最佳位置。周
遭充满了活力：摆放各色食材的玻璃架，装满
生猛海鲜的水缸，一切都那么生机勃勃。

右页图
经过设计师之手，主用餐区这一空间的层次感
相当丰富：比萨烤箱嵌在粗糙的岩块中，薄木
板制作的百叶窗能让顾客瞥见外界的景观，天
花板的木吊顶似乎悬浮在空中。

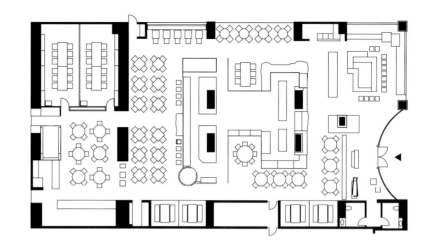

第二根同样的梁柱则标志着餐厅的外角，两根梁柱之间又出现一个瀑布——这次，水流沿一块宽大的光滑石板泻下。这个矮瀑布上方没有遮挡，既充当一个设计非常巧妙的物理隔断，作为餐厅内的酒吧区的标志，同时又不完全封闭，让顾客从大堂就能看见酒吧。瀑布占据了整个角落，直到另一面花岗岩堆砌的墙体前。这面墙由半粗糙、半光滑的石板组成，体现了设计师对材料纹理与质感的高超把控力。

Sensi 餐厅内部则充斥着大胆而微妙的不同材质的组合。半透明玻璃打造出轻薄的台面，粗糙的石墙显出厚重的力量，天花板用木格栅作为吊顶，发光玻璃架上放满五颜六色的罐子，里面都是食物或烈酒。墙面用暖色调木板镶嵌，坚硬的石制吧台台面光滑可鉴。这些元素分别定义出不同的空间，但彼此间又"通力合作"，共同营造出和谐与统一的氛围。

两个开放式厨房"背靠背"位于餐厅正中，成为一处活跃的视觉焦点，厨房四周则环绕着形制不一的用餐区。吧台座椅为顾客提供了一个观赏烹饪过程的最佳位置，而在放满木桌椅的主用餐区前则可看见整间餐厅，再向前还可看见酒店室外的景观。雅座区的灯光闪着温柔的光晕，比主用餐区高一个台阶的距离，让人感觉私密、舒适。包间设计在主用餐区后侧，让顾客移步包间的同时能观赏 Sensi 里不断变换的景观。这个设计项目中，装饰材料与呈现给观者的视觉感受似乎总在变化，却又能莫名地保持和谐和平衡。Sensi 餐厅既给人们打造了一个宁静而私密的场所，来逃离拉斯维加斯这座城市的声色犬马与纸醉金迷，同时又融入了这座城市的活跃氛围中。

柏悦酒店大堂和休息区

大堂和休息区 / 柏悦酒店 / 首尔 /2005 年

入夜，客房中微黄的灯光在首尔柏悦酒店光滑的玻璃墙上映出错落的黄色光晕，位于顶层的酒店大堂和休息区散发出白色的光，似乎给酒店戴上一顶璀璨的王冠。站在街上向酒店看去，来自日本的巨大而粗糙的庵治花岗岩雕塑打破了前侧玻璃墙的平静，将街道引入这个几乎没有家具点缀的、如同画廊般的酒店入口。高速电梯满载顾客飞速奔向位于24 层的酒店大堂。大堂的宁静氛围与入口处如出一辙，让人感觉仿佛进入了一座博物馆。

酒店里的每一处空间、每一件物品，都经精心设计、周详考量，只为呈现出既趣味盎然又宁静沉稳的格调。关注细节是超级土豆事务所的一贯风格，这种风格在其承接过的大型项目中展现得淋漓尽致。超级土豆事务所设计了酒店的所有室内空间，包括185 间客房、6 间会议室、餐厅、酒吧、休息区、泳池、健身中心和水疗馆，还担任建筑玻璃外墙处理的设计顾问。从灯光照明的精准控制，到灵活运用花岗岩、木、金属打造地板和墙面，使之呈现丰富的质感，再到精心挑选的韩国当代艺术品及民间艺术品，赋予了酒店不同凡响的视觉格调。这些细节丰富、风格突出的空间彼此相连，并与整座城市融为一体，使酒店成为首尔市中心的一方设计乐土。

走出电梯即进入大堂的接待处，接待台以花岗岩抛光打制成尖锐的几何形状，垫在两块巨大的、保留其天然粗糙质感的岩块上。粗条纹石板垂直竖立在窗

上图
酒店的空间结构极不规则。酒店巧妙利用了这种不规则布局，在设计中着重突出不同角度，打造了一栋玻璃钢混结构的塔楼多面体。

右页图
极具雕塑感的叠层天花板，以蓝光定义了一层大堂的空间。巨型花岗岩打破了光滑玻璃墙的连续感，是酒店入口的标志。

跨页图
位于酒店 24 层的大堂和休息区，巨大的石制吧台，舒适的座椅，休息区柔和的光线，让人轻松惬意地凝视脚下这座名为首尔的大都市。
-

上图
接待台、座椅、落地灯均呈简洁、大胆的几何形状，被柔和的灯光衬得温柔起来。玻璃墙前方宽大的石板带来一定的封闭感。
-

下图
电梯门正对着接待区，几乎没放置任何家具。接待区与休息区相连，透过玻璃墙能看见远处的泳池和脚下的整座城市。

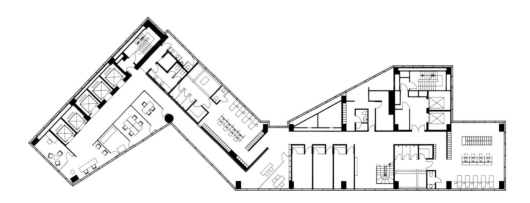

前，与光滑台面形成视觉平衡；从窗前可俯瞰整座城市景观，给人以身临悬崖边缘之感，但因有石板的阻隔，又能够鼓起勇气俯视城市的万家灯火。在接待台一旁，休息区填满了两面玻璃墙之间的空间，看起来仿佛飘浮在城市上空。接待台远处，6根沉重的石柱和一面透明墙区隔开休息区与泳池。泳池设置在边缘，用深色庵治花岗岩砌成，四周以玻璃做围挡。数十根圆柱体用透明丙烯材料制成，从天花板垂挂下来，投下剧场式的光，在泳池水面留下倒影，仿佛遥远的星光。在休息区的每个位置都可见城市的风景，白天熙熙攘攘，夜晚灯火阑珊，好似近在身旁，又远在天边。

跨页图
弧形玻璃墙前以金属条隔挡，为光洁的花岗岩接待台打造了别开生面的背景。一根根长度、大小不一的长条木板装饰了3层的商务会议中心。

Park Club 健身中心

健身中心、水疗馆/柏悦酒店/首尔/2005年

　　Park Club 健身中心占据着酒店第24层的一端，与更衣室、桑拿房同在第24层，水疗馆则位于第23层，与健身中心通过一条悬空的室内楼梯相连。地板由暖色调的宽木板拼成，一束束射灯的光线从光滑的天花板垂下，突出了健身中心空间的水平面，看起来似乎一直延展至城市上空。健身中心三面均为玻璃墙，可俯瞰首尔市中心，美得令人难以置信。整个开阔空间仅有几根梁柱，且大胆地采用了几何式的X形交叉支撑。

　　楼梯隔开了健身中心和玻璃围挡的泳池，通往楼下的水疗馆。楼梯正对着一个以木板制成的果汁吧台"Citrus"，配有几套简单的木桌椅和吧台座椅，顾客可在此惬意地享用新鲜果汁。典雅的灯光衬托出光滑木制吧台，吧台后，垂直木板拼成的背景墙上夺人眼球的射灯渲染出轻松、柔和的气氛。背景墙上有一个三角形小壁龛，放着玻璃瓶和玻璃杯，是这个静默无声、极具质感的空间中的唯一装饰。

跨页图
宁静的泳池位于酒店第24层，从这里俯瞰首尔的景观，美得令人不可思议。轻薄的丙烯纤维材料做成圆柱管，从屋顶垂下来，仿佛漫天闪烁的繁星，在泳池水面上投下倒影。

左页图
宽木板铺就的地面，引导顾客走过一面纹理丰富的墙和一根粗制梁柱，俯瞰城市景观，同时看见更衣室及水疗馆的入口。

上图
更衣室里，不锈钢基座上的半透明玻璃隔断将洗脸池隔成一个个单独的私密空间。木制储物盒表面为浅金色，从镜子中反射着光。

下图
躺在极具雕塑感的休息椅上，可看到经百叶窗过滤的城市景观。光洁的不锈钢半透明玻璃架与暖色调木地板和木板墙形成强烈的对比。

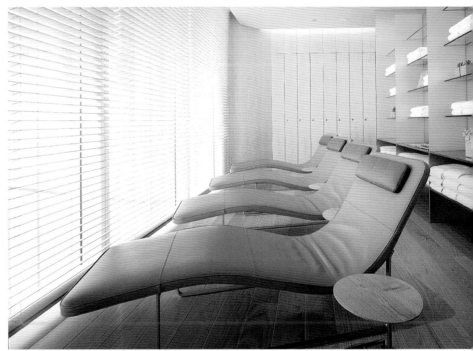

与健身中心形成鲜明对比的，是洒满阳光、可观赏部分城市景观的更衣室。这里的装饰材料经过精挑细选，打造出轻盈无物的感觉：浅金色木制储物盒和白瓷洗脸池位于光亮的不锈钢台面之上，半透明玻璃隔断将两个洗脸池隔开。木板搭建的桑拿室和石制浴缸经特别设计，能让客人享受极致的舒适与放松，同时还能俯瞰整个市中心。水疗馆则设计得相当雅致，装饰材料还是人们熟悉的木、玻璃和金属，虽看起来颇为复杂烦琐，但功能性俱佳，在首尔这座城市上空为客人提供放松而愉悦的水疗服务。

柏悦酒店客房

客房 / 柏悦酒店 / 首尔 /2005 年

　　客房楼层的特色是走廊采用剧场式灯光，木板墙上镶嵌着发光陈列柜，里面不断变换地展示着韩国当代艺术家的作品、韩国古董及一些民间艺术品，为空间带来高雅的视觉格调，同时延续了酒店一以贯之的画廊般的氛围。

　　超级土豆事务所为酒店设计了 11 种不同类型的客房。在总共 185 间客房中，38 间为套房，全部能欣赏城市远景。与酒店的其他空间一样，客房采用开放的极简设计风格，但设计精巧，充分考虑了舒适度。卧室采用暖色调的装饰材料：木制品颜色从浅金色到琥珀色不等，粗制手造纸呈现丰富的纹理变化，墙面则用轻质石膏灰泥刷出条状棱纹——与浴室里大面积使用的花岗岩形成对比。

　　一扇设计精巧的推拉门让顾客从浴室和卧室都能打开衣橱，突出了客房的开放性和与其他空间的关联。室内玻璃墙让客房干湿分离，从卧室就能看到洗浴区外的城市景观。正方形白瓷洗脸池安装在玻璃墙面外侧，简洁的几何形状浴缸刚好填满建筑裸露的斜对角，与浴室带有纹理的石板地面、完美砌合为一体的巨型岩块墙面形成饶有趣味的整体。

跨页图
总统套间的餐厅和起居室，墙面用木板与古代韩国木制屏风共同打造。建筑的原始结构支撑在玻璃墙后，清晰可见。

跨页图
总统套间的浴室是各类石制材料的组合：浴缸是用岩石凿刻而成，按摩桌则是打磨光滑的石板面制成。

上图
典型的客房景观，极富开放感，可看见外面的城市景观。实木床头板给房间带来暖意，床正对着可欣赏室外美景的玻璃墙。一面室内玻璃隔断了浴室与卧室，浴缸是纯白色陶瓷材质，墙面则用粗糙的岩块严丝合缝组合而成，质地粗糙，与光洁的浴缸形成视觉对比。

下图
与酒店的其他空间一样，总统套间的卧室也大胆地采用几何形状，辅以柔和的灯光，材质、纹理和色调均有微妙的变换。

客房设计简洁、典雅，突出了不同材料的特殊质感，也让人更容易注意到外面的城市景观。每间客房的空间均给人无限延伸之感，高级又奢华。最宽敞的客房是豪华总统套间，格调高雅的韩式古典家具、木格栅屏风都从视觉上平衡了设计带来的现代气息。灯光照明设置颇为用心，颜色运用即克制又出其不意，如红色的床头板，给房间带来微妙的改变，但又与其他设计契合得天衣无缝。

Cornerstone 餐厅

餐厅 / 柏悦酒店 / 首尔 /2005 年

为充分利用酒店的斜坡场地，设计师把Corners-
tone餐厅入口安排在斜坡坡顶一角。餐厅布局与街道
平行，斜坡走势却与街道刚好相反，让顾客在餐厅的
不同位置能看到各不相同的街景，同时也巧妙地在餐
厅地势较低一端为酒店大门留出空间。坡度能让设计
师将用餐区划分出不同层次，各层区域间用几级台阶
彼此相连。狭长的坡道同时连接了餐厅入口与酒店电
梯，从入口走向酒店的途中，顾客将依次经过全封闭
式玻璃酒柜、包间和厨房。坡道被打造得如同一条室
内街道，铺着光滑的石板。天花板上嵌入木板，看上
去仿佛百叶窗。不同于统一形制的天花板，坡道的墙
面不断变换着材质和纹理，途中还可瞥见各具特色的
用餐区与开放式厨房。

用餐区的层次感给餐厅带来了私密感，但在各空

下图
餐桌大部分沿临街玻璃墙排列，也有一部分围
绕在几个开放式厨房附近，散布于餐厅的不同
位置。长长的斜坡为餐厅的长边，隔出包间与
各不相同的开放用餐区。

右页图
镶嵌在玻璃墙面上的方形盒子散发出紫色的光，
仿佛浮在圆桌周围。从圆桌位置能看到开放式
厨房和远处的坡道。

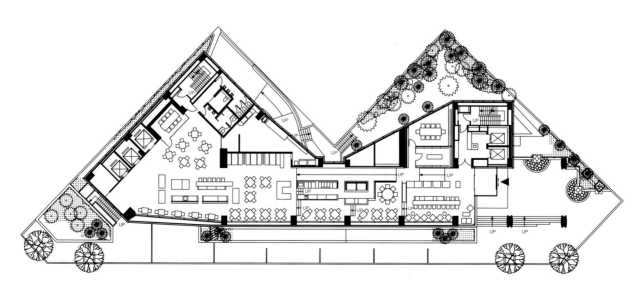

左页图
石板坡道一侧，发光的方形盒子错落排列，贯穿从用餐区到包间的坡道，包间则隐藏在全封闭式玻璃酒柜后。

上图
光洁的石板台面、大胆的几何形盒子。盒子里的背光玻璃架为餐厅酒吧区营造出极具现代风格的设计感。

下图
光滑的石板、半透明背光玻璃界定出开放式厨房的空间范围。贯通整个空间的木制百叶窗式天花板令顾客的目光不由自主地停留下来。

间区隔间又保持着强烈的彼此关联与整体感。餐厅的设计中，超级土豆事务所充分利用了木、石、玻璃的相近色调，间或以不锈钢为点缀。各种不同纹理、质地和颜色的材料均经慎重挑选，而空间简洁、利落的风格则让烹饪及食物本身成为最重要的展示部分。开放式厨房的操作台面用经打磨光滑的花岗岩制成，上面展示着装在竹筐中的面包和一碗碗新鲜水果。钢筋玻璃架上，种类繁多的水果置于金属框中，巧妙地隔开了厨房与用餐区。甜品厨房上空悬挂的方形木盒里，

塞满香料的高玻璃罐五光十色，吸引着人们的目光。

方形是餐厅的一个微妙设计主题，主要体现于墙面的设计上，用来隔断用餐区与开放式厨房：玻璃墙面上镶嵌着方形彩灯，光滑的方形石砖排列成棋盘图案，精致典雅的黑色方框包裹着玻璃，辅以紫色背光灯，形成有趣的拼贴图案。缤纷的彩灯被用来突出材料或色彩对比强烈的墙面，彩灯还会根据一天中时间的流逝自动变换颜色，呼应店外街道上从清晨至夜晚的灯光变化。

The Timber House 酒吧

酒吧 / 柏悦酒店 / 首尔 /2005 年

一条户外楼梯将人们从街面引至 The Timber House 酒吧的主入口。墙面用陶土泥刷出粗糙的纹理，柔和的光线令人恍若身处用灯笼照明的时代，微妙地暗示着整间酒吧的格调。店如其名，The Timber House 酒吧的设计灵感来自韩国传统木屋（通常将居住空间设计在中央庭院四周）。在这个酒吧里，空间正中搭建起一个舞台，稍稍高出地面，供乐队现场演出。吧台用发光玻璃砖砌成，供应日式清酒和韩式烧酒，突出了舞台一端。天花板采用彩光照明，设计颇具艺术意味，更突出了整体空间。吧台和天花板投下的光，经舞台四周设置的镜面反射，从视觉上延展了整体空间的高度与纵深。

裸露的木梁柱看上去久经风霜，划出了舞台的边界，也让舞台与环绕其周围的私密起居室之间有了过渡。这些不同风格的起居室里，有的配有舒适的座椅，有的则专门提供某一类特定饮品，成为该酒吧的一大特色。每个空间通过创造性地利用韩国传统日常生活用品来做区分。许多被人们熟知的材料，如砖、旧书、瓷碟等，均一反常态地被用来覆盖墙面，或用来作为空间隔断。透过嵌进陶瓷碎片的屏风，人们可以从舞台上看到邻近的座位区，在那里，墙面的一部分以旧书精细地堆叠而成。威士忌吧区，废旧木片拼接成马赛克墙面，旧时使用过的木格栅屏风则用来隔开酒吧与舞台。古代做糖的木制模具用金属丝串起来，标示着其中一处空间的边界；还有用陶土泥刷出的墙面，

以顶灯照亮，凸显出泥灰的浅黄色，这是鸡尾酒酒吧区的标志。旧木板拼成各种不同图案，装饰地板和酒吧空间低处的墙面，让酒吧空间整体显得连续而统一。

与柏悦酒店其他场所类似，The Timber House 酒吧整体空间显得极具格调，散发出画廊般的艺术感。然而，这里没有艺术品展出，只是汇集了一批最为人们所熟知、再平凡不过的日常用品。它们没有被作为雕塑供人观赏，却蕴含着层层信息，启示、激发着人们思索，同时暗示着一种为所有人共享的历史与记忆。

上图
从内侧透出光的玻璃砖组成中央玻璃吧台的基座。几个悬挂着的黑盒子，正好位于吧台上方，用来存放玻璃杯。

左页图
路边的灯箱发出柔和的光，引导人们走进 The Timber House 酒吧。发光灯箱映在对面的玻璃上，突出了陶土泥墙的水平层积纹理。

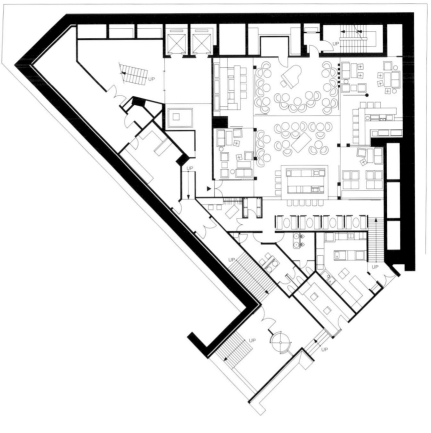

跨页图
回收物品经再利用，拼贴成生动的马赛克背景
墙，废旧木梁勾勒出舞台空间。柔和的蓝光突
出了天花板和玻璃砖砌成的吧台。

上图
台阶连着宽敞的走廊，通往一截短坡，此处便
是 The Timber House 酒吧入口。酒吧所在的建筑平面
呈三角形，但酒吧内部的主要空间却被设计为
方形。

<u>上图</u>
纹理丰富的墙面环绕着舒适的座椅区。废旧金属经再利用，重新制成墙板，紧紧地拼凑在一起，从而生成蕴含着过去信息的新元素。

上图

中央舞台一侧，威士忌吧的特征是马赛克墙面
上星星点点的射灯，墙面由废木块和旧木格栅
拼接而成，辅以背景光照明。

主要作品年表（1971—2006 年）

Radio (1982)

1971 年

—

Radio：酒吧，1982 年翻新 / 东京，原宿

Y's：精品店 / 东京，新宿

1972 年

—

Orange：酒吧 / 东京，涩谷

1973 年

—

Naruse Florist：花店 / 东京，涩谷

1974 年

—

Tefu Tefu：酒吧，与高取邦和（Kunikazu Takatori）合作 / 东京，六本木

1975 年

—

Post：酒吧 / 东京，赤坂

1976 年

—

Strawberry：咖啡馆、酒吧 / 东京，涩谷

1977 年

—

Marathon Club：小型现场演出场所 / 东京，中野

1978 年

—

Maruhachi：酒吧 / 东京，涩谷

1979 年

—

Azelia：酒吧 / 东京，青山

Fukuda Motors：汽车展厅 / 东京，赤坂

Luna Road：发型沙龙 / 东京，涩谷

1981 年

—

KNOX：酒吧 / 东京，赤坂

1982 年

—

Radio：酒吧改造 / 东京，原宿

Tellus：鞋店 / 东京，银座

1983 年

—

5th CLUB：精品店 / 东京，青山

La Brea：精品店 / 东京，原宿

无印良品青山店：零售店 / 东京，青山

无印良品大阪店：零售店 / 大阪，心斋桥

Old-New：咖啡馆、酒吧 / 东京，池袋

Pashu：零售店 / 札幌

Pashu Labo：精品陈列厅 / 东京，乃木坂

Red Zone：精品店、茶室 / 东京，涩谷

Sera：酒吧，与田中一光合作 / 东京，赤坂

Sera (1983)

1984 年

—

Be-in：咖啡馆、酒吧 / 大阪，心斋桥

Brasserie-EX：咖啡馆、酒吧 / 东京，涩谷

DAIKO Co.：照明实验室 / 东京，滨松町

JUN TO Shinsaibashi：精品店 / 大阪，心斋桥

Kageyama：酒吧 / 东京，六本木

Ki no Hana：酒吧 / 东京，涩谷

Old New：客房 / 京都

Shin Hosokawa：精品店 / 东京，原宿

Shin Hosokawa (1984)

1985 年 ——————————————————

——

Arry's Bar：酒吧 / 东京，八重洲

JUN EX 纽约店：精品店 / 纽约

JUN TO 青山店：精品店 / 东京，青山

Old-New 大田店：旅馆 / 东京，大田

Old-New 涩谷店：咖啡馆、酒吧 / 东京，涩谷

RECRUIT 海鸥之屋：乡村别墅 / 东京，银座

TOTO MA 画廊：画廊 / 东京，乃木坂

Old-New 大田店 (1985)

Old-New 涩谷店 (1985)

JUN TO 青山店 (1985)

1986 年 ——————————————————————————————

一

大日本印刷株式会社银座图形画廊：画廊 / 东京，银座

Hiroko 大阪店：精品店 / 大阪

JUN TO 大和百货商店：精品店 / 金泽

JUN TO 上野店：精品店 / 东京，上野

Old-New Rokko：旅馆 / 神户

Pen：酒吧 / 东京，银座

Prego：旅馆 / 神户

2nd Radio：酒吧 / 东京，青山

SET OFF：酒吧 / 东京，新宿

Shunju 下北泽店：餐厅 / 东京，下北泽

2nd Radio (1986)

大日本印刷株式会社银座图形画廊：画廊 / 东京，银座

1987 年 ————————————————

—

Ark by Old-New：咖啡馆、酒吧 / 东京，涩谷

Meguro-ku Museum：博物馆 / 东京，目黑区

无印良品原宿店：零售店 / 东京，原宿

Old-New 吉祥寺店：咖啡馆、酒吧 / 东京，吉祥寺

Old-New 南田中店：旅馆 / 南田中

Old-New 新宿店：旅馆 / 东京，新宿

索尼建筑展示厅：陈列厅 / 东京，银座

1988 年 ————————————————

—

Haruna：餐厅 / 东京，赤坂

LIBRE：啤酒餐厅 / 东京，原宿

Old-New 赤坂店：咖啡馆、酒吧 / 东京，赤坂

Pew：酒吧 / 横滨

Ark by Old-New (1987)

Old-New 新宿店 (1987)

LIBRE (1988)

1989 年 ——————————————

—

成田高尔夫俱乐部：高尔夫俱乐部 / 成田
NEO SITE：酒吧 / 京都
OLD INN：咖啡馆 / 京都
SET OFF/ncy：酒吧 / 东京，新宿
TOTO 超级空间展示厅：陈列厅 / 东京，新宿
Shunju by Cross Kobe：餐厅 / 神户

1990 年 ——————————————

—

Kichi Kichi：日式料理店 / 大阪，东新寺
Old-New 札幌店：咖啡馆、酒吧 / 札幌
Shunju 赤坂店：餐厅 / 东京，赤坂
Shunju by Cross Fukuoka：餐厅 / 福冈
Tokuju：餐厅 / 东京，涩谷

Shunju by Cross Kobe (1989)

Shunju by Cross Fukuoka (1990)

NEO SITE (1989)

Tokuju (1990)

1991 年

—

Kisasa：餐厅 / 大阪

PaPa-Milano：餐厅 / 东京，银座

1992 年

—

Malt's Club：啤酒餐厅 / 东京，二子玉川

Mita：日式料理店 / 东京，新宿

Mozaic：滨水市场 / 神户

无印良品地标大厦：零售店 / 横滨

Nihon Itagarasu：陈列厅 / 东京，涩谷

Ryurei：可移动茶室，"寂禅"日本茶展览 / 东京，原宿

Shunju Hibiki：餐厅 / 东京，广尾

Kisasa (1991)

Kisasa (1991)

Shunju Hibiki (1992)

1993 年
—

Depo：餐厅、酒吧 / 东京，上野

Komatori：可移动茶室

无印良品青山三丁目店：零售店 / 东京，青山

无印良品船桥店：零售店 / 船桥

无印良品札幌店：零售店 / 札幌

Sabie·SO：日本茶展览 / 东京，原宿

Sapporo Wine Cellar：酒吧 / 札幌

SET OFF mjo：酒吧 / 东京，新宿

索尼展示厅"SYNAPS"：陈列厅 / 东京，银座

Tamaya：百货商场翻新 / 小仓

1994 年
—

Abiding Club Golf Society：高尔夫俱乐部 / 千叶

Fu Fu：露天市集 / 阿倍野

Malt's Club：啤酒餐厅 / 京都

Malt's Club 横滨店：中餐厅 / 横滨

Sera Trading：陈列厅 / 东京，赤坂

索尼展示厅"SYNAPS"：陈列厅 / 大阪

无印良品札幌店 (1993)

Sera Trading (1994)

1995 年 ————————————————————

—

梅田阪神百货：百货商场翻新（1F~4F）/ 大阪

Malt's Club：啤酒餐厅 / 东京，涩谷

无印良品新宿店：零售店 / 东京，新宿

San：餐厅、酒吧 / 大阪

Shirogane 高尔夫俱乐部：高尔夫俱乐部 / 北海道

索尼游戏机展示厅：陈列厅 / 东京，银座

Yooan：日式料理店 / 东京，新宿

Yooan (1995)

1996 年

—

立川车站发展与购物中心规划：车站、购物中心规划 / 东京，立川

Five Form：意大利餐厅 / 松本

Food Live：餐厅，福冈君悦大酒店 / 福冈

Kintetsu Kichijoji：百货商场翻新 / 东京，吉祥寺

无印良品福冈店：零售店 / 福冈

索尼公司总裁住宅：私人住宅 / 东京

JR 东西线的 7 个站台：站台 / 大阪

Shunju 大阪店：餐厅 / 大阪

Shunju Torizaka：餐厅 / 东京，六本木

1997 年

—

梅田阪神百货：百货商场翻新（6F~9F）/ 大阪

梅田阪神百货食品区：百货商场翻新（B2）/ 大阪

Kin no Saru：日式料理店 / 东京，吉祥寺

无印良品藤泽店：零售店 / 藤泽

无印良品吉祥寺店：零售店 / 东京，吉祥寺

无印良品太阳街店：零售店 / 东京，墨田

Niki Club：小型奢华酒店 / 栃木，那须盐原市

Shunju Bunkamura：餐厅 / 东京，涩谷

TOTO 超级空间：陈列厅 / 东京，新宿

TOTO 技术中心：技术中心 / 东京，世田谷区

Five Form (1996)

Shunju Torizaka (1996)

Hotaruzuki (1998)

996

1998 年 ────────────────────────

—

Atre：红酒吧 / 小仓

Dynamic Kitchen & Bar Hibiki：餐厅、酒吧 / 东京，新宿

新加坡君悦大酒店：新加坡

  入口及休息区：1F

  Mezza9：餐厅，M2F

  BRIX：酒吧，B1F

Hotaruzuki：清酒吧 / 东京，池袋

无印良品府中店：零售店 / 东京，府中

无印良品 LUMINE 新宿店：零售店 / 东京，新宿

Sarumaru：餐厅、酒吧 / 东京，涩谷

Yooan：日式料理店 / 东京，银座

1999 年 ────────────────────────

Niki：餐厅、酒吧 / 东京，六本木

PU-J's：酒吧，上海金茂君悦大酒店 / 上海

Rokkon：酒吧 / 青森

Shook!：开放式餐厅 / 吉隆坡

2000 年 ────────────────────────

—

无印良品青叶台店：零售店 / 东京，青叶台

无印良品厚木店：零售店 / 东京，厚木

San Dynamic Kitchen：餐厅 / 大阪

Shunju 溜池山王店：餐厅 / 东京，溜池山王

Shunsui：餐厅、阪神百货商场翻新（10F）/ 大阪，梅田

Zipangu Super Dining by Nadaman：餐厅 / 东京，赤坂

Niki (1999)

—

Café TOO：餐厅，香格里拉大酒店 / 香港

Hibiki Dynamic Kitchen & Bar：餐厅 / 东京，银座三丁目

Hibiki Dynamic Kitchen & Bar：餐厅 / 东京，银座七丁目

Hibiki Dynamic Kitchen & Bar：餐厅 / 东京，丸之内

无印良品有乐町店：零售店，2004 重建 / 东京，有乐町

Yooan：豆腐餐厅 / 东京，惠比寿

—

C's：餐厅，雅加达君悦大酒店 / 雅加达

Hibiki Dynamic Kitchen & Bar：餐厅 / 东京，汐留

Kitchen Shunju：餐厅 / 东京，新宿

Matsubaya：餐厅 / 东京，赤坂

Nampu：日式料理店，巴厘岛君悦大酒店 / 巴厘岛

Shunkan："My City"百货公司翻新（7F~8F）/ 东京，新宿

Yooan：熟食店、餐厅 / 东京，目黑

Zipangu：日式料理店，吉隆坡香格里拉大酒店 / 吉隆坡

Zipangu Super Dining：餐厅 / 东京，汐留

Zuma：餐厅 / 伦敦

Hibiki Dynamic Kitchen & Bar，银座七丁目 (2001)

2003 年

8：餐厅，仁川凯悦酒店 / 仁川

东京君悦酒店：东京，六本木

    大教堂：4F

    神社：3F

    Shunbou：餐厅，6F

    Roku Roku：餐厅，6F

    Nagomi：健身中心、水疗馆，5F

House+：餐厅 / 东京，六本木

Kitchen Shunju 银座店：餐厅 / 东京，银座

中国制造（Made in China）：餐厅，北京君悦大酒店 / 北京

Mahorama：日式料理店 / 东京，丸之内

Next 2：咖啡吧、餐厅，曼谷香格里拉大酒店 / 曼谷

Polestar：欧式餐厅 / 东京，丸之内

Que Sera：法式餐厅、酒吧 / 东京，六本木

Red Moon：酒吧，北京君悦大酒店 / 北京

Shunmi：餐厅，首尔江南大使诺富特酒店 / 首尔

Tao ryu：中餐厅 / 东京，银座

Tao ryu：中餐厅 / 东京，六本木

无印良品的未来：展览，MA 画廊 / 东京

无印良品的未来：展览，米兰家具展 / 米兰

The Gaon：餐厅 / 首尔

Vin de Vie：红酒吧 / 东京，丸之内

Yooan：日式料理店 / 东京，品川

2004 年

Ent Dining：购物中心餐饮层发展规划（5F）、餐厅 / 大阪

无印良品池袋帕尔科店：零售店翻新 / 东京，池袋

无印良品有乐町店：零售店翻新 / 东京，有乐町

Roka and Shochu Lounge：餐厅、酒吧 / 伦敦

Sensi：餐厅，贝拉吉奥大酒店 / 拉斯维加斯

Shunju Tetsunabe：Kitchen Shunju 银座店翻新 / 东京，银座

Straits Kitchen：餐厅 / 新加坡君悦大酒店 / 新加坡

Waketokuyama：餐厅 / 东京，南麻布

2005 年

L'Opera：餐厅，西贡柏悦酒店 / 胡志明

首尔柏悦酒店：首尔

    大堂、休息区：24F

    Park Club：健身中心、水疗馆（23F、24F）

    客房：4F~22F

    Cornerstone：餐厅，1F

    The Timber House：酒吧，B1

Shunju Tsugihagi：餐厅 / 东京，日比谷

Nadaman：餐厅，上海香格里拉大酒店 / 上海

2006 年

京都凯悦酒店：酒店翻新 / 京都

Zipangu Super Dining (2002)

Nagomi (2003)

致谢

我要向那些将自由时间和知识奉献给本书的人致以最诚挚的感谢：

达纳·邦特罗克（Dana Buntrock）和川岛秀里（Ruri Kawashima）为本书打开了大门。

雷纳·贝克尔（Rainer Becker）、陈卓愉（Raymond Chan）、劳伦特·肖代（Laurent Chaudet）、克里斯托夫·阿泽布鲁克（Christophe Hazebrouck）、今井广见（Hiromi Imai）、埃迪·谭（Eddie Tan）和来自"ZOOM!"的福泽攸淇（Yuki Fukasawa），以及超级土豆事务所的全体工作人员，感谢他们无私慷慨的协助。

新井元久（Motohisa Arai）、保拉·戴茨（Paula Deitz）、约安·贡恰尔（Joann Gonchar）、泽勒·利马（Zeuler Lima）、佐藤典子（Noriko Sato）和诺·阿兹丽娜·尤努斯（Noor Azlina Yunus），感谢他们不断给我鼓励，提出宝贵的建议。

感谢山本早织（Saori Yamamoto）给予我无限的帮助，感谢她的幽默感。

感谢安藤忠雄、原研哉和竹山圣，他们赋予了我写成本书的能量，并慷慨传授他们的深刻洞见。

感谢杉本贵志和白鸟芳夫（Yoshio Shiratori）给予我无私的帮助、智慧与友谊。

还要感谢村上隆之（Takayuki Murakami）让本书的写成及出版成为可能。

除以下特别注明外，本书中所有照片均出自"ZOOM!"工作室白田吉郎之手。

我还想感谢以下机构和工作人员为本书提供了许多额外的照片：

Millième慷慨贡献出 Ryurei 茶室的照片（本书第 101 页）；Komatori 茶室的照片（本书第 ii 页、第 102-103 页）由高桥隆志（Takashi Hatakeyama）拍摄，Hikari 茶盂（本书第 104 页）的照片则出自广田松前（Masaki Miyano）。

Maruhachi 酒吧（本书第 12 页）照片由藤田三郎（Mitsumasa Fujitsuka）拍摄。

Niki Club 酒店（本书第 116-118 页）的照片由 Niki Resort Inc. 提供。

无印良品青山三丁目店（本书第 92-95 页）、"无印良品的未来"展览（本书第 96-99 页）照片由无印良品株式会社提供。

Café TOO 餐厅（本书第 146-151 页）的照片由佐藤信一（Shinichi Sato）拍摄，Shotenkenchiku-Sha Publishing Co. Ltd 提供。

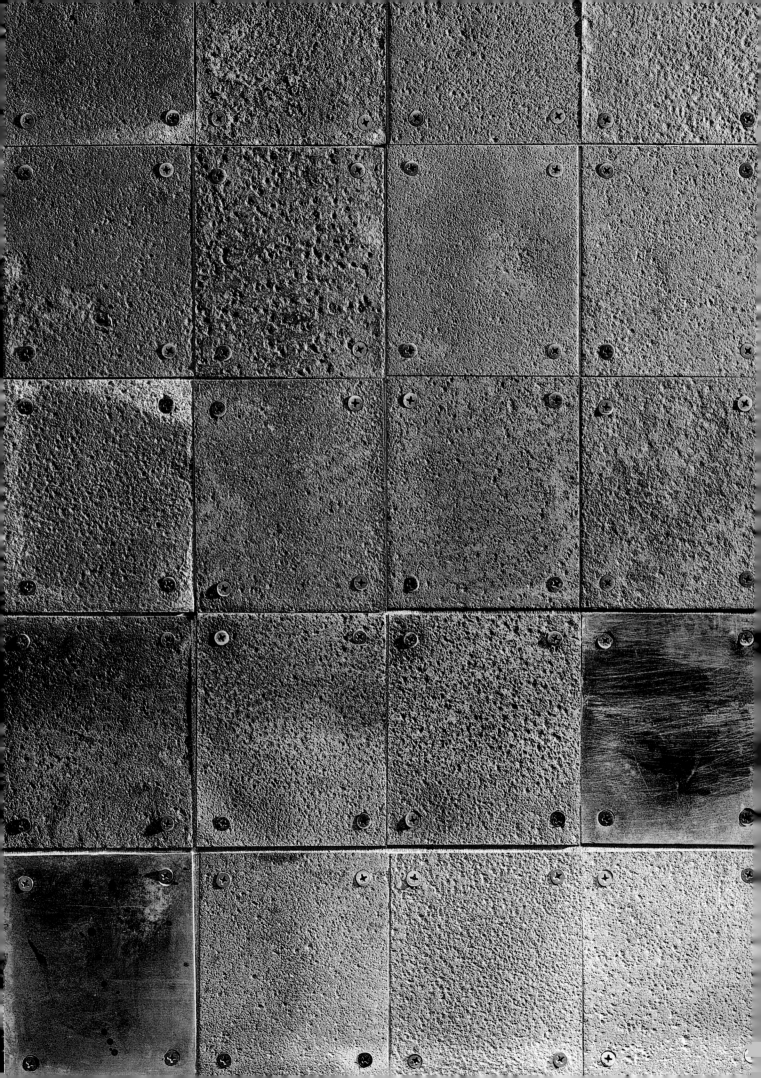